"十三五"国家重点图书

数学与人文 · 第二十九辑

Mathematics & Humanities

数学飞鸟

SHUXUE FEINIAO

主　编　丘成桐　刘克峰　杨　乐　季理真

副主编　王善平

高等教育出版社 · 北京

International Press

内 容 简 介

《数学与人文》丛书第二十九辑将继续着力贯彻“让数学成为国人文化的一部分”的宗旨，展示数学丰富多彩的方面。

本专辑将介绍 20 世纪几位重要的飞鸟数学家。开创了代数几何全新时代的格罗滕迪克也许是现代数学抽象化天空中飞翔最高的飞鸟。由一群才华横溢的法国年轻数学家组成的布尔巴基学派则是对 20 世纪数学有重要影响的飞鸟。“数学星空”栏目还介绍了 20 世纪最重要的数学家之一冯·诺依曼、美国数学家和数学教育家哈尔莫斯以及著名的日本代数数论专家岩泽健吉。

我们期望本丛书能受到广大学生、教师和学者的关注和欢迎，期待读者对办好本丛书提出建议，更希望丛书能成为大家的良师益友。

前　言

王善平

弗里曼·戴森（Freeman Dyson，1923—；著名理论物理学家和数学家）区分了两种类型的数学家，他说道[1)]：

> 有些数学家是飞鸟，有些则是青蛙。飞鸟翱翔天空，俯瞰远至天际的数学宽广全貌。他们喜欢发掘能让我们对不同领域各种问题做统一思考的概念。青蛙生活在下面的泥地里，只看到周围生长的花草。他们乐于探索特定问题的细节，一次只解决一个问题……数学既需要飞鸟也需要青蛙。数学既丰富又美丽，飞鸟让我们看到它的宽广全景，青蛙则澄清其错综复杂的细节。

本专辑将介绍 20 世纪几位重要的飞鸟数学家。

开创了代数几何全新时代的格罗滕迪克（Alexandre Grothendieck，1928—2014），也许是现代数学抽象化天空中飞翔最高的飞鸟。由《美国数学会通告》（*Notices of the AMS*）的副主编兼高级作家杰克森（Allyn Jackson）撰写的连载文章“宛如来自空无的召唤——数学大师格罗滕迪克的生平”，详述了这位传奇人物的颠沛流离、绚丽多彩的一生。由格罗滕迪克的生前同事与好友卡吉耶（Pierre Cartier）写的“亚历山大·格罗滕迪克：只知其名的数学国土”，则从不同侧面简述格罗滕迪克的生平，并以大量篇幅介绍他如何开拓一大片广袤的抽象数学国土。而日本数学家宫西正宜的“《代数几何原理》（EGA）及相关的回忆”，讲述了作者赴巴黎跟随谢瓦莱（Chevalley）、格罗滕迪克等，学习传世巨著《代数几何原理》（*Elements de Geometrie Algebrique*）的经历和体会，也描绘了深受法国数学影响的日本代数几何学家的众生相。2014 年 11 月 13 日，格罗滕迪克在法国圣吉龙（Saint-Girons）逝世。丘成桐先生写诗悼念：

代数泛函当世雄，
几何算术铸新风。

[1)]F. Dyson, Birds and Frogs. *Notices of the AMS*, 2009, 56(2): 212–223. 本文所引用戴森的话均出自此文。——编注

犹存侠骨齐夷意，
不朽千秋万代功。

本专辑有幸登载王元先生手书该诗的墨迹，以供读者欣赏。

布尔巴基（Nicolas Bourbaki）是戴森推崇的对 20 世纪数学有重要影响的飞鸟，他指出，布尔巴基纲领改变了现代数学的风格。当然，大家已经知道，布尔巴基其实是一群才华横溢的法国年轻数学家的团体名称，它在不同时期有不同的人加入，其中包括格罗滕迪克、韦伊（Weil）、迪厄多内（Dieudonné）等。博雷尔（Armand Borel）是早期布尔巴基成员之一，他的文章“参与布尔巴基的二十五年”介绍了布尔巴基如何诞生、其活动方式、数学成就和影响。上文所提到的法国数学家卡吉耶，也曾经是布尔巴基的主要成员。“布尔巴基在 20 世纪数学中的作用——P. Cartier 访谈”是他于 2013 年访问日本名古屋大学期间接受采访的实录，其中从另一个角度讲述了布尔巴基的历史，特别提到格罗滕迪克与布尔巴基的恩怨和最终分手。

冯・诺依曼（John von Neumann）是 20 世纪最重要的数学家之一，戴森认为他是青蛙，因为“他用自己惊人的技术技能解决了数学和物理学许多分支领域中的问题”。但是戴森的看法并不全面，数学家究竟是飞鸟还是青蛙有时需要看场合，尤其对于冯・诺依曼这样的全能数学家来说。如果从他创立算子环论为量子力学奠定数学基础和开创现代计算机理论的工作来看，冯・诺依曼应是一只高瞻远瞩的飞鸟。由美国著名应用数学家拉克斯（Peter Lax）撰写的“John von Neumann 的早年生活、洛斯阿拉莫斯国家实验室时期及电子计算机之路”，介绍了冯・诺依曼的生平，以及他为美国成功研制核子武器和建造世界上首台电子计算机所做出的关键贡献。

在“数学星空”栏目中，还介绍了另外两位数学家。

美国数学家和数学教育家哈尔莫斯（Paul Richard Halmos，1916—2006）以热爱教学、擅长写书和通俗文章著称。他所写的研究生教材以及自传《我要做数学家》（*I want to be a mathematician*）影响了中国数学系的许多学生。林开亮的文章“哈尔莫斯，我的怀念”，回顾了哈尔莫斯的生平，并谈到自己深受他的影响。

岩泽健吉（1917—1998）是著名的日本代数数论专家，长期在美国马萨诸塞理工学院和普林斯顿大学等地执教。由日本的《数学》杂志主编饭高和编辑中岛所做的“岩泽健吉访谈录”，记叙了岩泽先生学习和研究数学的经历。

在“数学科学”栏目中有四篇文章，其中徐浩写的“黎曼面模空间与霍奇积分漫谈”，以图文并茂的方式和形象的比喻，解释了深奥的“黎曼面模空间”概念和在此空间上的霍奇积分，以及它们与物理学弦论之间奇妙的联系。

大数学家韦伊写的“zeta 函数的前世”，追溯了从 2000 多年前的阿基米德、到 18 世纪的欧拉、最后是 19 世纪的黎曼，与 zeta 函数有关的无限数列求和之研究及发展。

库珀（Barry Cooper）的“重温阿兰·图灵的不可计算”是纪念著名计算机理论开创者图灵百年诞辰的文章，文中以通俗的语言讲解了图灵在 24 岁时所写的划时代论文“论可计算数，及其在‘判定问题’中的应用”（*On Computable Numbers, with an Application to the Entscheidungsproblem*）的意义和深远影响。为了帮助读者看懂本文，译者卢卫君在文末给出了详尽的译注。

柯文（I. Corwin）写的“复杂随机系统的 KPZ 普适性”以通俗的语言介绍了一类有广泛应用的复杂随机系统“Kardar-Parisi-Zhang (KPZ) 系统”以及关于其普适性证明的研究进展。

本专辑最后登载了两篇书评，分别是关于 2010 年菲尔兹奖得主维拉尼（Cédric Villani）写的普及著作《一个定理的诞生》和数学物理学家吕埃尔（David Ruelle）写的《数学与人类思维》。

目　录

数学科学

书评

格罗滕迪克的生平与工作

宛如来自空无的召唤

——数学大师格罗滕迪克的生平（上）

Allyn Jackson
译者：翁秉仁

Allyn Jackson 现任美国数学会会讯 *Notices*的副主编与总主笔，加州大学柏克利分校数学硕士。

重点摘要

格罗滕迪克是 20 世纪的数学大师，为代数几何开启全新的面貌，数学影响仍方兴未艾。

格罗滕迪克早年多舛，与父母颠沛流离。他的数学背景贫乏，一切出于自学，但天资奇高，在苦学深思与师友攻错下，终于成为一代宗师。

格罗滕迪克以韦伊猜想为目标，从范畴论观点所铸造的新工具，联结了离散的数论世界与连续的拓扑世界，启迪了多位菲尔兹奖得主的工作。

如果不把科学看成权力和宰制的工具，而是我们物种在时间长河进行的知识探险。每门科学好比和声一样，依时更迭，或广衮，或丰盈。就像顺着世世代代于焉展露的乐曲，所有主题的精致对位轮流演奏，宛如来自空无的召唤。——《收获与播种》第 20 页

数学家格罗滕迪克（Alexandre Grothendieck）对于与数学有关的事物非常敏锐，能够深刻感受到数学建筑结构中精巧与优雅的面向。以他生平的一些高峰为例，他是法国高等科学研究所（IHÉS）的创办人之一，1966 年又获得菲尔兹奖，光这些就足以保证他跻身 20 世纪数学的万神殿。不过这些细节并不足以掌握格罗滕迪克研究的本质，他的成就根植于更有生机、更质朴的地方。正如他在长篇回忆录《收获与播种》（*Récoltes et Semailles*）中所述：“聆听事物之声的**专注品质**，陶冶出研究者创造力与想象力的品质。”（黑体为原作者所加，第 27 页）。如今格罗滕迪克自己的声音，体现在他的著作里，也仿佛得透过空无，才能传到我们的耳中。85 岁高龄的他，住在法国南部一处偏远的小村落里，已经遁世隐居十余年。

1965年左右的格罗滕迪克

依据密歇根大学 Hyman Bass 的看法，格罗滕迪克的数学观点，以“宇宙般的广度”改变了数学的风貌。他的观点直接被数学所吸收，以至于现在的数学新手很难再想象这个领域以前的模样。格罗滕迪克留下最深刻印记的领域是代数几何，他强调发现数学对象之间的关系，可以作为理解数学对象的一种途径。格罗滕迪克具有极强、甚至可说是超凡绝世的抽象能力，让他可以从十分广义的脉络里看待问题，而且他能很灵敏精确地运用这份抽象能力。事实上，从 20 世纪中叶起，整个代数几何领域愈来愈抽象和普遍的研究倾向，大部分得归诸格罗滕迪克的影响。但是，单纯为普遍而普遍，可能发展出贫瘠与乏味数学理论的危险，格罗滕迪克却从未涉身其中。

格罗滕迪克在二战时的早年生活充满混乱和创伤，他也缺乏良好的教育背景。格罗滕迪克如何从这样困蹇不足的起点脱颖而出，将自己淬炼成当世顶尖数学家的历程，是一个充满戏剧性的故事，就如同他在 1970 年时突然决定离开数学界一样，当时他的伟大成就正开花结果，而其非凡人格也深深影响这个社群。

早年生活

在我们（高中）的数学书籍里，我最不满意的是缺乏（曲线）长度、（曲面）面积、（立体）体积的严格定义。我立誓如果有机会，我将填补这个罅隙。——《收获与播种》第 3 页

普林斯顿高等研究院的 Armand Borel 于 2003 年 8 月过世，享年 80 岁。他回忆第一次见到格罗滕迪克，是在 1949 年 11 月巴黎的布尔巴基（Bourbaki）讨论班。当时在演讲空档，20 几岁的 Borel 正与法国数学界领

导人物 45 岁的 Charles Ehresmann 聊天。Borel 回忆说，当时有一个年轻人大步走近 Ehresmann，没有任何寒暄，就开门见山问道："你是拓扑群的专家吗？"Ehresmann 不想显得傲慢，回答说是的，他了解一点拓扑群。但是这位年轻人坚持："但我需要**真正的**专家！"这就是当时的格罗滕迪克，21 岁的年纪，鲁直而强势，虽然不是完全无礼，但是对社交礼节却懵然无知。Borel 还记得格罗滕迪克当时的疑问："是不是所有的局部拓扑群都是大域拓扑群的芽（germ）？"结果 Borel 恰巧知道一个反例。格罗滕迪克的疑问显示，当时他已经以非常普遍的方式在思考数学。

20 世纪 40 年代末的巴黎时光，是格罗滕迪克真正接触数学研究的开始。在此之前，从他的人生事历（至少就我们所知），并没有什么线索，看得出他注定将成为数学界的领军人物。格罗滕迪克的家世背景或童年时期的细节，许多都还未知，已知的部分也很粗略。德国明斯特大学的 Winfried Scharlau 正在撰写格罗滕迪克的传记，并且已经仔细研究过格罗滕迪克这段时期的经历。下面格罗滕迪克生平的许多资讯，都来自我与 Scharlau 的访谈，以及他为了撰写这本传记所搜集的资料 [Sch]。

格罗滕迪克父亲的姓名可能是 Alexander Shapiro，1889 年 10 月 11 日，出生于乌克兰诺弗兹博克夫（Novozybkov）的一个犹太家庭。他是一位无政府主义者，曾经参与 20 世纪初沙皇时期的许多起义事件。17 岁被捕后，他设法躲过死刑，却又多次逃逸和被捕，最后总共在狱中待了约十年。由于同名同姓，格罗滕迪克的父亲经常被误认为是这些事件中，另一个更知名的激进份子。John Reed 的《震撼世界的十天》曾经描写后者的事迹，他最后移居纽约，死于 1946 年，当时格罗滕迪克的父亲已经死了四年。另一桩值得注意的事情是，格罗滕迪克的父亲是一个独臂人。曾于 20 世纪 70 年代与格罗滕迪克同居并生下一子的 Justine Bumby 说，格罗滕迪克的父亲为了逃避警察追捕，在试图自杀时失去这条手臂。或许格罗滕迪克自己也无意之间让有两位 Shapiro 的事实更加混淆，举例来说，IHÉS 的 Pierre Cartier 曾在 [cartier2] 中提到，格罗滕迪克坚持认为 Reed 书里有一个角色是他的父亲。

1921 年，Shapiro 离开俄罗斯，终生没有任何国籍。为了隐藏他的政治过往，他取得一份名为 Alexander Tanaroff 的身份证明，余生都以此为名。他曾经在法国、德国、比利时待过，并且和无政府主义者以及其他革命团体常有过往。20 世纪 20 年代中期，他在柏林的激进分子圈认识了格罗滕迪克的母亲 Johanna（Hanka）Grothendieck。Hanka 1900 年 8 月 21 日出生于汉堡的路德教派的一个中产家庭。为了反抗传统的教养，她前往当时前卫文化与革命社会运动温床的柏林。Hanka 和 Shapiro 都想成为作家，Shapiro 终生未发表只言片语，不过 Hanka 倒是写过一些文章，尤其在 1920 年到 1922 年间，她曾为一份名为《刑枷》（*Der Pranger*）的左翼周报写稿，那是为在汉

格罗滕迪克的父亲Shapiro，1922年

堡社会边缘生存的娼妓阶层伸张权益的报纸。更久之后，Hanka 在 20 世纪 40 年代晚期写过一本自传体的小说《一个女人》(*Eine Frau*)，但从未出版。

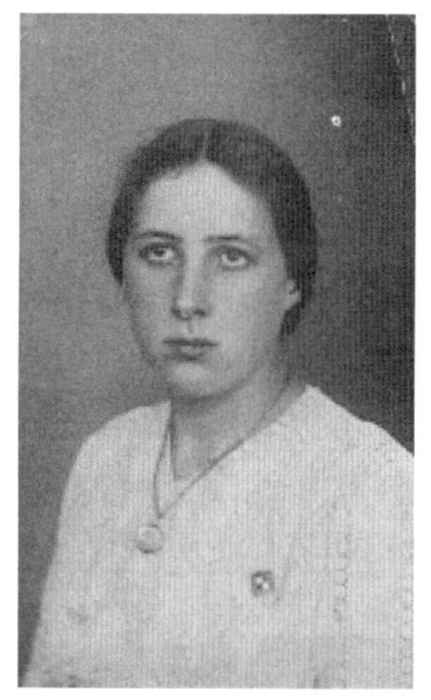

格罗滕迪克的母亲Hanka，1917年

Shapiro 大半生都是一位街头摄影师，这份工作让他可以自力更生，避免陷入有违他无政府信仰的雇佣关系。他和 Hanka 都结过婚，各有一个前婚小孩，她的是女儿，他的则是儿子。格罗滕迪克在 1928 年 3 月 28 日生于柏林，家中除了他的父母，还有 Hanka 前次婚姻的女儿 Maidi，她比格罗滕迪克大 4 岁。家人以及格罗滕迪克后来的亲近朋友都称其为 Schrik，他父亲的小名则是 Sascha。虽然格罗滕迪克从未见过他的异母哥哥，但他将自己 20 世纪 80 年代的手稿《寻堆》(*A La Poursuite des Champs*) 献给哥哥。

1933 年纳粹掌权后，Shapiro 从柏林逃亡到巴黎，该年 12 月，Hanka 决定跟随丈夫，因此将儿子托付给汉堡附近布兰肯奈西 (Blankenese) 的一个寄养家庭，女儿 Maidi 则留在一个照顾残障儿童的机构，虽然 Maidi 并非残障 (《收获与播种》第 427–473 页)。寄养家庭的家长名叫 Whihelm

Heydorn，其精彩一生可以从他的传记《我只是一个人》(*Nur Mensch Sein!*) [Heydorn] 中看出来。书中有一张格罗滕迪克 1934 年时的照片，而且简短地提到他。Heydorn 曾经是路德教派的牧师，也当过军官。他后来离开教职，转任小学老师与 Heilpraktiker（在今天可大略译成另类疗法治疗师）。1930 年，Heydorn 建立了一个具有理想色彩的政党——“人性党”(Menschheitspartei)，被纳粹视为非法政党。Heydorn 自己有四个小孩，而且在这个日后导致二战的混乱时期里，他和太太 Dagmar 依循基督教的理念，还另外收容了好几位被迫和家人分开的寄养小孩。

童年的格罗滕迪克

格罗滕迪克从 5 岁到 11 岁，在 Heydorn 家待了五年，而且还上过学。在 Dagmar 的回忆录中，提到小格罗滕迪克的个性十分随性、绝对诚实，但缺乏自制。在这段时期，格罗滕迪克很少收到母亲的来信，父亲更无只言片语。虽然 Hanka 在汉堡还有亲戚，但是从来没有人探访过她的儿子。格罗滕迪克在《收获与播种》(第 473 页）中提到，和父母的遽然分离给他造成莫大的创伤。Scharlau 怀疑小格罗滕迪克在 Heydorn 家里过得并不快乐，由于他从小生长在无政府主义家长建立的自由家庭，Heydorn 家比较严格的气氛也许会造成双方的摩擦。事实上，格罗滕迪克和 Heydorn 家附近的几个家庭反而比较亲近，即使成年之后，他还长年与他们通信。格罗滕迪克也曾给 Heydorn 家写过信，并曾经造访汉堡数次，最近的一次是在 20 世纪 80 年代中期。

1939 年的战争迫在眉睫，Heydorn 家受到的政治压力愈来愈大，他们无法再收容寄养小孩。格罗滕迪克的情形更麻烦，因为他长得就像犹太人。当时他父母的确切地址不详，但 Dagmar 写信给汉堡的法国领事馆，设法将消息传达给在巴黎的 Shapiro 以及在尼姆（Nîmes）的 Hanka。一旦联络上后，11 岁的格罗滕迪克立刻被送上从汉堡开往巴黎的火车。在 1939 年 5 月他和父母重聚，在战争之前共度了一段很短的时光。

我们并不很清楚格罗滕迪克留在汉堡的期间，他父母的工作是什么。不过他们在政治上仍然很活跃，曾经一起到西班牙参与西班牙内战，并在佛朗哥获胜后，随众人一起逃回法国。由于他们的政治活动，Hanka 和她先生在法国被视为危险的外国人。格罗滕迪克和他的父母重聚后不久，Shapiro 就被送到勒凡内（Le Vernet）的集中营，这是当时法国情况最恶劣的集中营，他可能从此就没再见过妻儿。1942 年 8 月，Shapiro 被法国当局押解到奥斯威辛（Auschwitz）集中营，并在该地遇害。至于格罗滕迪克的姐姐 Maidi 在这段时间的情况不明，不过她最后嫁给一位美国军人，移民美国，几年前才过世。

1940 年，Hanka 和儿子被送入曼德（Mende）附近的里奥克罗（Lieucros）集中营，就集中营而言，这里算是情况比较好的，他们允许格罗滕迪克到曼德上中学。尽管如此，这仍然是一段精神被剥夺又不确定的岁月。格罗滕迪克曾经告诉 Bamby，他和母亲有时会受到法国人的漠然回避，他们不知道 Hanka 也反纳粹。格罗滕迪克曾经逃离集中营，想要刺杀希特勒，不过很快就被抓回去。Bamby 说："这很可能要了他的命。"格罗滕迪克身强体壮，也是一名拳击好手，在这段时遭欺凌的时光里非常有用。

两年后，这对母子被迫分离。Hanka 被送到另一个集中营，她的儿子最后流落到法国的尚邦（Le Chambon-sur-Lignon）。当地的新教牧师 André Trocmé 将这个山区度假小镇变成抵抗纳粹的顽强据点，成为保护犹太人与其他战乱受害者的避风港 [Hallie]。格罗滕迪克住在当地一个瑞士机构支持的儿童之家，他就读于当地教育年轻人的赛佛诺（Cévenol）中学，并且通过法国高中会考（baccalauréat）。虽然尚邦人的英雄行径保障了流亡者的安全，但是当时的生活仍然不很稳定。在《收获与播种》中，格罗滕迪克提到由于当局定期搜捕犹太人，他和同学常要疏散到森林中躲几天。

格罗滕迪克也谈过他在曼德和尚邦的学校生活。尽管他的年轻岁月颠沛流离，生活困顿，格罗滕迪克显然从小就有强烈的内在方向感。在数学课中他从不依赖老师，学会自行分辨深浅与对错。他觉得课本中的习题太多重复，呈现的方式又孤立于其真正的意义。格罗滕迪克写道："这是书本的问题，不是我的问题。"不过一旦有个问题引起他的注意，他还是会完全投入，废寝忘食（《收获与播种》第 3 页）。

从蒙彼利埃、巴黎到南锡

Soula 先生 [我的微积分老师] 确定地告诉我，二十或三十年之前，数学最后的问题已经被某个叫勒贝格（Lebesgue）的人给解决了。他发展了一门

测度与积分的理论（多么有趣的巧合!），为数学画下了句点。——《收获与播种》第 4 页

1945 年 5 月，欧洲的战事结束了，当时格罗滕迪克 17 岁。他和母亲搬到麦沙革（Maisargues），这是蒙彼利埃（Montpellier）城外产酒区的一处小村庄。格罗滕迪克进入蒙彼利埃大学就读，母子两人靠着大学奖学金以及葡萄丰收期的季节零工来维生，Hanka 也有一份打扫的工作。格罗滕迪克上课的时间愈来愈短，因为他发现老师总是照本宣科，重复教科书上的说法。根据 Jean Dieudonné 的说法，当时的蒙彼利埃“在数学教学上，是法国最落后的大学之一”。[D1]

在这个沉闷的环境里，格罗滕迪克把三年的蒙彼利埃大学生活都花在填补高中教科书的缺陷上，想要补足长度、面积、体积的恰当定义。基本上，他一个人重建了整个测度论与勒贝格积分的概念。这段故事是格罗滕迪克和爱因斯坦的众多相似处之一。爱因斯坦年轻时，也曾自行发展统计物理的概念，后来他才知道 Josiah Gibbs 已经先发现了。

1948 年，格罗滕迪克拿到蒙彼利埃大学的理学士学位，随后前往法国数学的中心——巴黎。1995 年，在一篇谈论格罗滕迪克的法国杂志文章中 [Ikonicoff]，一位名为 Andre Magnier 的法国教育官员回忆当时格罗滕迪克申请前往巴黎的奖学金的情形。Magnier 要求格罗滕迪克描述他在蒙彼利埃的研究课题。杂志引述 Magnier 的话：“我十分震惊。结果本来二十分钟的会面，他用了两个小时，不停跟我说明他如何用‘手边仅有的工具’，重建别人花几十年发展的理论，他展现了非凡的聪慧。”Magnier 补充说：“格罗滕迪克除了给人卓越青年的印象外，也显露出因为受苦与匮乏而较不平衡的一面。”Magnier 随即推荐格罗滕迪克取得奖学金。

格罗滕迪克的微积分老师 Soula 推荐格罗滕迪克前往巴黎，并和他的老师嘉当联络。至于这位“嘉当”，是当时年近 80 的埃利·嘉当（Élie Cartan），还是他 40 几岁的儿子亨利·嘉当（Henri Cartan），格罗滕迪克并不清楚（《收获与播种》第 19 页）。当他 1948 年秋天到达巴黎后，格罗滕迪克向数学家解释他在蒙彼利埃的研究。正如 Soula 已经告诉他的，这些都是已知的结果，但是格罗滕迪克并不失望。事实上这段年轻孤立的努力经验，对他成为数学家似乎颇为关键。在《收获与播种》中，格罗滕迪克谈起这段时期说：“不知不觉，我从孤独中已经学习到成为数学家的根本要素，这不是任何老师可以教出来的。没有人告诉我，但我就是‘全心’知道自己是数学家，是‘做’数学的人。”（《收获与播种》第 5 页）

格罗滕迪克开始参加亨利·嘉当在法国高等师范学院的著名讨论班。这个讨论班承袭了一种格罗滕迪克日后也将衷心奉行的模式，参与者在全年课

程中检视一个主题，然后再将课程内容有系统地整理出版。1948—1949 年的主题是单体（simplicial）代数拓扑和层论（sheaf theory），这是当时最前沿的课题，在法国还没有其他地方可以学习到 [D1]。事实上，当时离 Jean Leray 建立层的概念还没多久。在嘉当讨论班，格罗滕迪克首次认识了许多当代最杰出的数学家，包括 Claude Chevalley、Jean Delsarte、Dieudonné、Roger Godement、Laurent Schwartz、André Weil，其中也包括了嘉当的学生 Jean-Pierre Serre。另外，除了嘉当讨论班，格罗滕迪克还上了 Leray 在法兰西学院开的课程，内容是当时很新颖的局部凸空间（locally convex space）。

亨利·嘉当既是几何学家埃利·嘉当的儿子，本身又是杰出的数学家，再加上身为高等师范学院的教授，他无疑是巴黎精英数学圈的中心人物。亨利·嘉当也是战后愿意向德国同僚伸出友谊之手的少数法国数学家，尽管他对战争的恐怖其实有着切身之痛，因为他参与抵抗运动的弟弟被纳粹逮捕斩首。亨利·嘉当和当时的许多顶尖数学家享有共同的背景，就像 Ehresmann，Leray，Chevalley，Delsarte，Dieudonné，Weil 一样，都是“师范人”，他们都毕业于法国高等师范学院，这是法国高等教育中声望最高的学府。

在嘉当讨论班中，格罗滕迪克就像是一个局外人。他说德语却住在战后的法国，而且他贫乏的教育背景和这群人形成鲜明的对比。不过在《收获与播种》中，格罗滕迪克说，他在这种环境中并没有感觉像陌生人，并对他获得的“善意欢迎”充满温暖的回忆（第 19、20 页）。他直言不讳的个性很引人侧目，在 Jean Cerf 为嘉当百年大寿写的纪念文章中，他回忆当时的嘉当讨论班里，“有一个陌生人（就是格罗滕迪克）在教室后方和嘉当自由交谈，就像是同辈一样”[Cerf] 。格罗滕迪克说他可以任意发问，但也发觉自己必须辛苦学习的东西，旁人却好像瞬间就能掌握运用，“好像他们在摇篮中就已经知道了似的”（《收获与播种》，第 6 页）。可能部分出自这个原因，在嘉当和 Weil 的忠告下，格罗滕迪克 1949 年 10 月离开了巴黎的精英圈，前往步调比较缓慢的南锡（Nancy）。另外，根据 Dieudonné 的说法，格罗滕迪克当时对拓扑向量空间的兴趣多过代数几何，因此前往南锡是再自然不过了 [D1]。

南锡的学徒生涯

……关爱之情到处洋溢着……1949 年在南锡，当我第一次踏入 Laurent Schwartz 与 Hélène Schwartz 家时，我就感受到这份关爱（就像他们的家人一样），还有 Dieudonné 家，还有 Godement 家（那也是我当时经常逗留的地方）。当我刚踏入数学世界时，围绕着我的这些关心温暖，虽然我会逐渐淡忘，但对我的数学家生涯却很重要。——《收获与播种》第 42 页

20 世纪 40 年代晚期，南锡是法国最优秀的数学中心之一。事实上，虚构数学家“布尔巴基”（Nicolas Bourbaki）据说出身于“南加哥”（Nancago）大学，这个名称的组合，一方面表示 Weil 的芝加哥（Chicago）时期，同时也对应到布尔巴基其他成员所在的南锡大学。这些南锡的教授包括了 Delsarte，Godement，Dieudonné，Schwartz，格罗滕迪克的南锡同学则有 Jacques-Louis Lions 和 Bernard Malgrange，他们和格罗滕迪克一样都是 Schwartz 的学生。另外还有来自巴西的 22 岁的 Paulo Ribenboim，他和格罗滕迪克几乎同时到达南锡。

Ribenboim 现在是加拿大安大略女王大学的退休教授，根据他的说法，当时南锡的研究氛围不像巴黎那么激昂，教授也可以有更多时间和学生相处。Ribenboim 说在他的印象中，格罗滕迪克是因为缺乏背景，无法跟上要求甚高的嘉当讨论班，才来到南锡。这并不是格罗滕迪克自己说的，Ribenboim 评论：“他不是会承认自己不懂的家伙!”不过，格罗滕迪克卓越的天分十分明显，Ribenboim 记得自己把他当作理想的典范。虽然格罗滕迪克的情绪可能非常激切，言行有时更是粗鲁。Ribenboim 回忆说：“但他不是苛刻，而是对自己和他人都要求甚高。”格罗滕迪克身边几乎没有书，比起通过阅读学习，他宁愿自己把理论重建起来。同时，格罗滕迪克工作十分勤奋，Ribenboim 记得 Schwartz 有次告诉他，你看起来是个善良又平衡的年轻人，你应该跟格罗滕迪克交交朋友，试着不要让他只知道用功。

当时 Dieudonné 和 Schwartz 在南锡主持拓扑向量空间的讨论班。Dieudonné 在 [D1] 里解释说，当时巴拿赫空间（Banach space）与其对偶空间的理论已经很清楚，但是局部凸空间则是一个新概念，关于其对偶性的一般理论还付之阙如。Dieudonné 和 Schwartz 在这个领域的研究上，遇到一系列的问题，他们决定把这些难题转交给格罗滕迪克。结果让他们大吃一惊，因为几个月之后，格罗滕迪克就将所有问题都解决了，还有余力去继续研究其他泛函分析的问题。Dieudonné 写道：“1953 年，到了要授予他博士学位的时候，我们必须从他的六篇论文中选择一篇，他的每篇文章都足以当作一篇好博士论文。”结果被选出来的博士论文是《拓扑张量积与核空间》（*Produits tensoriels topologiques et espaces nucléaires*），这篇论文首次显示了格罗滕迪克一般性思考的迹象，这是他全部作品的特征。核空间的概念首次出现在这篇论文中，日后有着广泛的应用。1954 年，Schwartz 在巴黎一次名为“格罗滕迪克张量积”（Les produits tensoriels d'après Grothendieck）的讨论班中介绍了格罗滕迪克的新结果 [Schwartz]。至于格罗滕迪克的论文，则于 1955 年在美国数学会的《纪要丛书》（*Memoirs*）出版，到了 1990 年，已经重印了七次 [Gthesis]。

格罗滕迪克关于泛函分析的研究“真的非常杰出”。美国加州大学洛杉矶分校的 Edward Effros 说："他也许是第一位意识到，二战后才蓬勃发展的代数/范畴方法，可以运用到这个非常解析性的泛函分支的人。"格罗滕迪克在某种意义上是领先于他的时代的。Effros 特别指出，主流巴拿赫空间理论花了至少十五年的时间，才充分吸收格罗滕迪克的研究内容，部分原因是大家对他较为代数的观点有所迟疑。不过 Effros 说，格罗滕迪克的影响在近年来开始发酵，这是因为格罗滕迪克的范畴论观点非常适合讨论巴拿赫空间的"量子化"。

虽然格罗滕迪克的数学研究蓄势待发，前景颇为看好，但他的私人生活并不安定。在南锡，他和母亲住在一起，Ribenboim 记得她常常因为结核病发而卧病在床，这是她在集中营时感染的疾病。大约就是在这个时候，格罗滕迪克的母亲正撰写她的自传性小说《一个女人》。格罗滕迪克与母亲租住公寓的房东是一个年纪比他稍长的女人，两人发生关系，并生下格罗滕迪克的第一个小孩，这个男孩名叫 Serge，主要由其母亲抚养。即使格罗滕迪克已经拿到博士学位，但想找到终身职位的希望仍然很渺茫，因为格罗滕迪克没有任何国籍，在当时的法国，非公民想找到终身职位十分困难。但想取得法国国籍，又必须服兵役，这是格罗滕迪克绝对排斥的事情。1950 年后，格罗滕迪克通过法国国家科研中心（CNRS）找到一份工作，不过这个工作比较像是研究员，而不是终身职位。有段时间，格罗滕迪克甚至还考虑学习木工来赚钱（《收获与播种》第 1246 页注）。

1952 年，Schwartz 访问巴西，告诉当地人他有一位聪颖的年轻学生，在法国找不到工作。于是巴西圣保罗大学提供给格罗滕迪克访问教授职位，格罗滕迪克在 1953 年到 1954 年间赴任。美国罗格斯大学的退休教授 José Barros-Neto 当时在圣保罗大学还是学生，根据他的说法，格罗滕迪克当时还做了特别的安排，好让他在秋季可以回到巴黎参加讨论班。巴西数学社群的第二外国语是法语，因此格罗滕迪克教书以及和同事交谈都没有问题。格罗滕迪克的圣保罗之行，其实是法国和巴西科学合作传统的一环。除了 Schwartz 之外，Weil、Dieudonné，以及 Delsarte 都曾经在 20 世纪 40 年代或 50 年代访问巴西。例如 Weil 曾经在 1945 年 1 月访问圣保罗，直到 1947 年秋季才离开，前往芝加哥大学。法国和巴西的数学联系直到今天仍然持续。里约热内卢的巴西纯粹与应用数学院（IMPA）有一份法巴合作协议，让许多法国数学家可以到该院访问。

在《收获与播种》中，格罗滕迪克将 1954 年称为"疲累的一年"（第 163 页）。他一整年都没办法在拓扑向量空间的逼近问题上取得任何进展，这个问题在大约二十年后才被解决，而且方法和格罗滕迪克试图采取的办法不一样。格罗滕迪克写道，这是"我一生中，研究数学变得如此沉重的唯一时刻"。他从这个挫折中学到一个教训，"别将鸡蛋摆在一个篮子里"。在脑袋中要多放几个数学问题，如果有个问题冥顽不化，还有别的问题可以做。

圣保罗大学的教授 Chaim Honig 在格罗滕迪克来访时，还是数学系的研究助理，他们后来成为好友。Honig 说格罗滕迪克过的是清苦和孤独的生活，仅靠牛奶和香蕉为食，整天浸淫在数学之中。Honig 曾经问格罗滕迪克为什么要做数学，格罗滕迪克回答说，自己特别热爱的是数学和钢琴，他选择数学是因为他以为这样谋生比较容易。由于格罗滕迪克的数学天赋极为明显，Honig 说："知道他曾经在数学和音乐间迟疑过，我还真是吃了一惊。"

格罗滕迪克本来计划与当时在里约热内卢的 Leopoldo Nachbin 合写一本拓扑向量空间的书，这个计划后来胎死腹中。不过，格罗滕迪克在圣保罗大学曾经教过拓扑向量空间，并且后来写成讲义，由圣保罗大学出版。Barros-Neto 当时是课上的学生，他为这个讲义写了介绍的章节，并补充了一些基本的预备知识。Barros-Neto 记得格罗滕迪克在巴西时就已经考虑要转换领域，他说格罗滕迪克"非常非常有野心，你可以感受到他强烈的决心，他要做的是基础的、重要的、根本的研究"。

明星崛起

最重要的是，书页上那些无疑让我不痛不痒的叙述，Serre 却每次都能够强烈感受到它背后的丰饶意义，而且他还能"传递"出对这一丰富、明确又神秘的实体的感受，让这份感受激起你想要理解、穿透这个实体的**欲望**。
——《收获与播种》第 556 页

任职于法国格赫诺布尔大学的 Bernard Malgrange 回忆说，当格罗滕迪克写完毕业论文后，他就断言格罗滕迪克将不再对拓扑向量空间感兴趣。Malgrange 说："他告诉我再没有什么可以做，这个主题已经死了。"在当时，博士生还得准备不必有原创观点，但必须和主论文无关的"第二论文"，借以展现学生对另一个数学领域的理解深度。格罗滕迪克的第二论文主题是层论，这个研究埋下了他对代数几何感兴趣的种子，日后成为他最伟大的研究领域。格罗滕迪克的博士论文答辩地点在巴黎，Malgrange 还记得答辩后，他和格罗滕迪克、亨利・嘉当一起搭计程车到 Schwartz 家吃饭。他们之所以搭计程车，是因为 Malgrange 滑雪时把腿摔断了。Malgrange 回忆说："在车上，嘉当向格罗滕迪克说明，他有些层论的东西说错了。"

离开巴西后，1955 年格罗滕迪克待在美国堪萨斯大学，这也许是出自 Nachman Aronszajn 的邀请 [Corr]。在堪萨斯，格罗滕迪克沉迷于同调代数的研究，在那里他写下了日后被专家私下昵称为"东北论文"的《关于同调代数的几个问题》(*Sur quelques points d' algèbre homologique*)，这是因为该论文发表在日本的《东北数学杂志》[To]。这篇论文是同调代数的经典之作，扩展了亨利·嘉当和 Eilenberg 的模（module）观点。此外，格罗滕迪克在堪萨斯时还写下《具结构层的纤维空间的一般理论》（*A general theory of fiber spaces with structure sheaf*），这是给美国国科会的报告。在这篇报告里，格罗滕迪克发展了非交换上同调理论的初步概念，日后他将在代数几何的脉络下再回到这个主题。

就在这段时期，格罗滕迪克开始与法兰西学院的 Serre 通信，他在巴黎时曾经见过 Serre，后来又在南锡碰面。他们部分信件的结集在 2001 年以原来的法文出版，2003 年又出了英法对照的版本 [Corr]。这是一段长久又丰饶的互动的开端，这些信函显示出这两位十分不同的数学家有着深厚又充满活力的联系。格罗滕迪克具有绝尘逸世的想象力，而 Serre 总是能以他犀利的理解力与广博的知识，将格罗滕迪克拉回到现实世界来。在信件中，有时格罗滕迪克会显露出惊人的无知，例如他曾经问过 Serre，Riemann ζ 函数是否有无穷多个零根（[Corr]，第 204 页）。Serre 回忆："他对古典代数几何的知识基本上等于零，我稍微多知道一些，但也不是很多，我能帮就帮。不过…… 反正未解的问题那么多，其实也没有关系。"格罗滕迪克不是持续留意最新文献的人，大部分时候他都得依赖 Serre 告诉他最新的进展。在《收获与播种》中格罗滕迪克写道，除了他自学的部分，他绝大部分的几何知识都是从 Serre 那里学到的（第 555–556 页）。不过 Serre 并不是单纯教格罗滕迪克新知，而是先充分消化新的概念后，再以特别能让格罗滕迪克信服的方式进行讨论。格罗滕迪克称 Serre 是一枚"雷管"，提供的火花足以点燃引线，引爆出各式各样的概念。

事实上，格罗滕迪克将他研究的许多中心主题上溯到 Serre 的影响。例如在 1955 年左右，Serre 从上同调理论的脉络向格罗滕迪克描述 Weil 猜想。这在 Weil 本来的猜想表述中，只是隐藏的脉络而已，但这样的说法却能诱使格罗滕迪克上钩（《收获与播种》第 840 页）。另外，通过 Serre 对 Weil 猜想的 Kähler 类比，也启发格罗滕迪克提出所谓的"标准猜想"（Standard Conjecture），这是一个更广泛的猜想，而 Weil 猜想则是它的推论。（《收获与播种》第 210 页）

1956 年，格罗滕迪克从堪萨斯回到法国，他获得法国国家科研中心的职位，大部分时间都留在巴黎。他和 Serre 继续通信，也定期和他通电话。这是格罗滕迪克更深入研究拓扑与代数几何的时候，Armand Borel 回忆说："格罗滕迪克的灵感源源不绝，我很确定他一定会做出第一流的工作，但是最后呈现的成果还是远超过我的期待。那就是他自己的 Riemann–Roch 定理，这是一个绝妙的定理，数学的大师之作。"

Riemann–Roch 定理的古典形式完成于 19 世纪中叶。如果在紧致黎曼面上给定有限个点，考虑以这些点为极点（pole）且不超出指定阶数的半纯

（meromorphic）函数所成的空间，这个定理想讨论的是这个空间的维度，答案就是 Riemann–Roch 公式，此维度可以用黎曼面的不变量来表示，于是建立了曲面的分析性质与拓扑性质的深刻联结。1953 年，德国数学家 Friedrich Hirzebruch 更往前踏出一大步，将 Riemann–Roch 定理从 Riemann 面推广到高维复数射影非奇解形[1]（projective nonsingular varieties）的情况。数学界为这个精心力作兴奋不已，因为这个结果似乎是这个课题的最终解答。

普林斯顿大学的 Nicholas Katz 说："结果格罗滕迪克走过来说，'不，Riemann–Roch 定理不是代数解形的定理，而是关于两解形之间映射的定理。'这是一个崭新的根本观点 ······ 定理的叙述方式整个改变了。"当时范畴论（category theory）的基本哲学——研究的是对象之间的箭头，而不是对象本身——正方兴未艾。Armand Borel 说："重点是 [格罗滕迪克] 把这个哲学应用到十分困难的数学领域。它的确具有范畴和函子（functor）的精神，但从来没有人想过可以在这么困难的课题上运用它 ······ 如果有人目睹过这种叙述方式并且能理解，那么或许还有别人也可以证明出来，问题是这种叙述本身，已经超前其他人十年之久。"

1959 年 Gerard Washnitzer 也独立证明出这个定理 [Washnitzer]，它还可以推广到任何基本域的真光滑代数解形。而 Hirzebruch–Riemann–Roch 定理则变成这个定理的特殊情况。Riemann–Roch 定理的另一个深远推广出现于 1963 年，是由 Michael Atiyah 和 Isadore Singer 证明的 Atiyah–Singer 指标定理。在格罗滕迪克的证明过程里，他引入现在称为格罗滕迪克群的概念，本质上提供了一种新拓扑不变量。格罗滕迪克本人称这个群为 K 群，成为促进 Atiyah 和 Hirzebruch 发展拓扑 K 理论的起点。然后，拓扑 K 理论又启发了代数 K 理论的观点，此后这两个领域都蓬勃发展至今。

当时 Hirzebruch 在德国波恩（Bonn）大学启动了所谓的 Arbeitstagung（字面上就是"工作会议"的意思），四十余年来都是数学前沿研究的论坛。1957 年 7 月第一次的论坛，就是由格罗滕迪克讲演他的 Riemann–Roch 研究。不过由于某个令人好奇的转折缘由，这个结果最后并不是用他的名字发表，而是出现在 Serre 与 Borel 的论文中 [BS]（证明后来也出现在 1966—1967 年的《代数几何论丛》（*Séminaire de Géometrie Algébrique du Bois Marie*，简称 SGA）的第六册中）。1957 年秋季，当 Serre 访问美国高等研究院时，收到格罗滕迪克的一封概述其证明的信（1957 年 11 月 1 日信函 [Corr]），于是 Serre 和 Borel 组织了一个理解这个证明的讨论班。由于格罗滕迪克忙于许多事务，他建议这些朋友撰写并出版讨论班的纪录。不过 Borel 猜测，格罗滕迪克不想自己写下结果还有别的原因，"格罗滕迪克的主要哲学

---

[1] variety 旧译为"曲体"、也译为"簇"，现译为"解形"，取其为多项式之解所构成的形体。

思想是，数学应该要拆解成一步步自然的小步骤，做不到这一点，就表示其中还有你不了解的地方 …… 但是他证明 Riemann–Roch 定理时，用到一个取巧的方法（une astuce）。所以他自己不满意，不想发表 …… 他还有很多别的事情要处理，所以没兴趣写下这个技巧”。

格罗滕迪克与Atiyah

此后，格罗滕迪克持续为不同的数学主题提出革命性的观点。Katz 说：“这样的情形不断发生。当他遇到某个别人深思过的问题，包括某些上百年的问题 …… 他会完全转变别人原先所认定的主旨。”格罗滕迪克不仅要解决悬宕未解的问题，他还重构了别人所提出的问题。

开启新世界

我终于理解到“我们——这些宏伟又高贵的灵魂”，这一意识形态某种特别极端又狠戾的形式，从我母亲幼年起，就狂烈地充塞着她的心灵，宰制了她对别人的关系。我母亲喜欢以悲悯的态度，从自己的高度俯视他人，经常带着轻蔑，甚至鄙视。——《收获与播种》第 30 页

根据 Honig 的回忆，格罗滕迪克的母亲至少有一段时间和他同住在巴西，尽管 Honig 说自己并没有见过她。至于她是否曾和格罗滕迪克同住在堪萨斯则不很清楚。当格罗滕迪克 1965 年回到法国时，他们可能已经没有继续住在一起。1957 年 11 月，在一封从巴黎写给 Serre 的信里，格罗滕迪克提到他是否可以租下 Serre 正准备搬出的巴黎的公寓。格罗滕迪克解释说 [Corr]：“我对房子感兴趣是为了我母亲，她在白鸽林（Bois-Colombes）住得并不愉快，她非常孤独。”事实上，格罗滕迪克的母亲在该年年底就过世了。

格罗滕迪克的朋友和同事都说，当他谈到父母时总是充满赞扬，几乎到了阿谀的程度。在《收获与播种》中，格罗滕迪克对父母也表露出深切而质朴的爱。多年以来，格罗滕迪克在研究室里总挂着一幅令人印象深刻的父亲肖像，这是与他父亲同时被拘留在勒凡内集中营的友人画的。按

Pierre Cartier 的描述，画中的男人剃着大光头，眼中闪烁着“热切的神情”[Cartier1]。格罗滕迪克自己也长期理着光头。另外根据 Ribenboim 的说法，Hanka 对她聪颖的小孩感到非常骄傲，而格罗滕迪克也回报以非常浓厚的孺慕之情。

在母亲死后，格罗滕迪克经历了一段心灵反思的历程，停止了所有的数学活动，而且还考虑成为作家。几个月之后，他决定重返数学界，完成他已经开始发展的一些想法。当时是 1958 年，依照格罗滕迪克的说法，这“可能是我数学生涯里收获最丰盛的一年”(《收获与播种》第 24 页)。在这段期间，他和一位名叫 Mireille 的女人同居，并在几年后和她结婚，生下三个小孩：Johanna、Mathieu 和 Alexandre。Mireille 和格罗滕迪克的母亲很亲近，而且根据好几位认识他们的人士的说法，Mireille 比格罗滕迪克年长很多。

1961年Arbeitstagung中的一个晚上，格罗滕迪克在Hirzebruch家中

哈佛大学退休教授 John Tate 与他当时的太太 Karin Tate 在 1957—1958 年期间在巴黎访问，初次和格罗滕迪克见面。格罗滕迪克完全没有显示他母亲所具有的傲慢。“他真的很友善，同时很天真，很孩子气。许多数学家像小孩子，多少都不懂世事，但格罗滕迪克却是个中之尤。” Tate 回忆说：“格罗滕迪克看起来很单纯，不晓世故，不矫情，也不虚假。他的思虑清澈，解释事情很有耐性，看不出任何优越感。他没有受到文明、权力、争胜之见的污染。” Karin 记得格罗滕迪克很有欢乐娱人的能力，很吸引人，喜欢笑。但是有时情绪会太过激动，因为他看待事情非黑即白，没有灰色地带。而且格罗滕迪克很诚实，她说：“和他在一起，你总是能安心自处。他从不伪装，人很直接。” Karin 和她的弟弟麻省理工学院的 Michael Artin，都看出格罗滕迪克的性格和他们父亲 Emil Artin 颇有相似之处。

Karin 记得格罗滕迪克有“令人难以置信的理想主义倾向”。例如，格罗滕迪克的屋里从不摆地毯，因为他认为地毯只是装饰用的奢侈品。她也记得格罗滕迪克脚上穿着轮胎皮制的凉鞋，“他觉得这非常棒，这双鞋子是他所敬重事物的象征——充分利用手边之物”。但因为格罗滕迪克的理想主义，有时他也十分昧于现实。在 1958 年格罗滕迪克和 Mireille 首次访问哈佛大学之前，他给她一本自己最喜欢的英文小说，以便改进她贫乏的英文知识。这本小说竟然是《白鲸记》(*Moby Dick*)。

新几何学的诞生

以三十年后的后见之明，随着两项几何学重要工具的出现，我现在可以说 [1958 年] 是新几何学观点真正诞生的一年。一个是概形（这是旧概念“代数解形”的变形），另一个是拓扑范（这是空间概念更深刻的变形）。——《收获与播种》第 23 页

1958 年 8 月，格罗滕迪克在英国爱丁堡国际数学家大会（ICM）上做演讲 [Edin]。这个演讲以卓越的预见描述了许多他接下来 12 年的研究主题。很显然，他当时的目标是要证明 Weil 所提出的知名猜想，这个猜想暗示了代数解形的离散世界与拓扑的连续世界之间有着更深刻的统一性。

在那个时代，代数几何正经历快速的演变，许多未解的问题并不需要大量的背景知识。最开始，大家研究的对象是复数解形。20 世纪初期，这个领域的专家是意大利数学家，如 Guido Castelnuovo、Federigo Enriques 与 Francesco Severi。虽然他们发展了许多极具巧思的想法，但其中许多论点还缺乏严格的证明。而在 20 世纪 30 与 40 年代，其他数学家如 Bartel L. van der Waerden、Weil、Oscar Zariski 则想研究任意体的代数解形，尤其是对数论很重要的特征 p 体代数解形。不过由于意大利学派的代数几何论述不够严格，因此数学家必须为这个领域建立新基础，这就是 Weil 在 1946 年的《代数几何之基础》(*Foundations of Algebraic Geometry*) [Weil1] 书中所达成的。

Weil 的猜想出现在他 1949 年的论文 [Weil2] 中。基于来自数论的动机，Weil 研究一类 Emil Artin 在特殊情况已经讨论过的 ζ 函数，之所以称为 ζ 函数是因为它的定义类似黎曼 ζ 函数。给定在特征 p 有限体上定义的代数解形 V，我们可以计算 V 上此体以及其有限体扩张的有理点数目，将这些数目合写入一生成函数，就是 V 的 ζ 函数。Weil 证明在曲线或一般 Abel 解形的情况时，此 ζ 函数满足三个性质：它是有理函数；它满足一泛函方程；其零点与极点具备特殊的形式，一旦引入恰当的变量变换，这个形式将对应到黎曼假说。而且 Weil 还观察到，如果 V 是由一特征 0 代数解形 W 同余 p 而得，则我们可以由 V 的 ζ 函数（表成有理函数）读出 W 的 Betti 数。而 Weil 猜想就是问上述事实是不是对一般射影非奇异代数解形都正确，尤其

Betti 数是不是真的都潜藏在 ζ 函数中。这个猜想联结了代数几何和拓扑，暗示当时正在拓扑空间发展的新工具如上同调理论，也许可以修改并应用到代数解形的情况。更因为和古典黎曼假说类似，Weil 猜想的第三部分有时被称为“同余黎曼假说”，这是 Weil 猜想中最难证明的部分。

Katz 说：“当 [Weil] 猜想一出现，大家就很清楚它一定会扮演某种核心角色，一方面这些‘黑箱式’的叙述让人难以置信，另一方面，想要解决这个问题，看来显然需要发展出全新的工具，而且这项工具本身将具有惊人的价值。最后果然完全正确。”目前在高等研究院的 Pierre Deligne 说，就是这个代数几何与拓扑之间猜测的联结吸引了格罗滕迪克，他喜欢“将 Weil 的梦想转变成有威力的工具”的想法。

格罗滕迪克之所以对 Weil 猜想感兴趣，并不是因为它的名气，也不是因为别人认为它很困难。事实上，格罗滕迪克一向对困难问题的挑战没有兴趣。他感兴趣的是那种指向更宏大的隐藏结构的问题。Deligne 注意到：“他的目标是为这个问题寻找或创造一个自然的栖身之所，这远比解决问题更让他感兴趣。”这种想法，和当时另一个伟大数学家 John Nash 正好形成对比。Nash 在他的数学全盛时期，寻找的是被他的同僚认为最重要与最富挑战性的特定问题 [Nasar]。密歇根大学的 Hyman Bass 说：“Nash 就像奥运选手，他感兴趣的是巨大的个人挑战。”如果 Nash 是问题解决者的典型代表，那么格罗滕迪克就是理论建构者的理想范例。Bass 说格罗滕迪克“对于数学的可能性有种全面性的视野。”

1958 年秋天格罗滕迪克第一次造访哈佛大学数学系时，Tate 是哈佛的教授，而系主任是 Oscar Zariski。当时格罗滕迪克运用新发展的上同调方法，重证了 Zariski 最重要成果之一的连通性定理，这是 Zariski 在 20 世纪 40 年代的研究。根据当时 Zariski 的学生，现在布朗大学的 David Mumford 的说法，Zariski 从来没有接受这个新方法，但他了解它的威力，并要求他的学生去接触，这正是他邀请格罗滕迪克到哈佛的原因。

Mumford 说，虽然 Zariski 和格罗滕迪克研究数学的风格很不相同，但两人相处融洽。传说当 Zariski 在证明卡住时，会在黑板上画一条自交的曲线图形，让他能重新厘清一些概念。“谣言说他在黑板的角落画图，然后擦掉，再回来继续他的代数计算。”Mumford 解释：“他必须借由几何图形来厘清思绪，重新建立从几何到代数的联结。”格罗滕迪克永远不会这样做，他似乎从来不从实例开始，除非是非常简单、几近无聊的例子。而且除了同调图式之外，格罗滕迪克也绝少画图。

Mumford 回忆说，格罗滕迪克第一次访问哈佛时，行前曾经和 Zariski 联系。由于当时美国众院非美活动委员会的高潮期才刚过，想要获得美国签证的外国人必须发誓不会从事推翻美国政府的活动。格罗滕迪克告诉 Zariski 他拒绝发誓。当别人告诉他这样可能会入狱时，格罗滕迪克说只要学生能够来访，而且允许他阅读无碍，入狱他可以接受。

在格罗滕迪克的哈佛课堂里，Mumford 发现课程内容的抽象高度令人屏息震慑。有一次，他问格罗滕迪克某个引理要怎么证明，结果格罗滕迪克用一个非常抽象的论证来回答。Mumford 起先并不相信这种抽象论证可以证明这么具体的引理。“我离开后，想了好几天，发现这个论证真的很正确。”Mumford 回忆说：“他比起我见过的任何人都更有能力，能够以惊人之姿一跃而入更高的抽象世界 …… 他永远在寻找确切表达问题的各种方法，明显地剥除所有的东西，你根本不觉得还会剩下什么。但是**就是**有些东西还留下来，他就从近乎虚空之处找到真正的结构。”

英雄年代

在 IHÉS 的英雄年代里，Dieudonné 和我是仅有的成员，也是唯一能在科学界中赋予它声誉与听众的人。…… 身为研究员，我觉得自己和 Dieudonné 就像是这个机构的共同“科学”创始人，希望能在此鞠躬尽瘁！我最终强烈地感觉自己与 IHÉS 合而为一 ……——《收获与播种》第 169 页

1958 年 6 月，IHÉS 在旧巴黎大学一些赞助者的会议中正式成立。创办人 Léon Motchane 是具有物理博士学位的商人，他希望能在法国建立一个独立的研究机构，就像美国的普林斯顿高等研究院一样。IHÉS 最初计划聚焦于三个领域的基础研究：数学、理论物理、人文科学方法。虽然第三个领域始终没有成形，但在十年之内，IHÉS 已经成为数学和理论物理领域的世界级尖端研究中心，研究员人数虽少但出类拔萃，还有十分活跃的访问学者活动。

根据科学史家 David Aubin 的博士论文 [Aubin]，Motchane 是在 1958 年爱丁堡数学家大会中或更早之前，就说服 Dieudonné 和格罗滕迪克出任将成立的 IHÉS 研究员。Cartier 在 [Cartier2] 中写着，Motchane 原先想要聘请的是 Dieudonné，而 Dieudonné 以同时聘请格罗滕迪克为答应的条件。由于 IHÉS 从一开始就独立于国家运作，所以尽管格罗滕迪克无国籍，聘用他并不会产生问题。这两位研究员在 1959 年 3 月正式就任，格罗滕迪克的代数几何讨论班则从该年 5 月开始。1963 年 10 月，在 1958 年数学家大会获得菲尔兹奖的 René Thom 也加入研究员的阵容。至于 IHÉS 的理论物理组，在 1962 年聘任 Louis Michel 为研究员，之后是 1964 年的 David Ruelle。于是在 20 世纪 60 年代中期，Motchane 已经为他的新研究院集合了一批杰出的研究人才。

在 1962 年之前，IHÉS 并没有永久的院址。当时的研究室是向 Thiers 基金会租用的，讨论班就在那里或者巴黎大学进行。Aubin 文中也提到，IHÉS 的早期访问学者 Arthur Wightman 曾被要求在旅馆中工作。据说曾有访问学者提到图书馆馆藏不足，格罗滕迪克的回答却是“我们不读书，我们写书”！在初期，学院的活动的确聚焦在《IHÉS 数学集刊》(*Publications mathématiques de l'IHÉS*) 的出版上，前几册就包括格罗滕迪克的《代数几何原理》(*Éléments de Géométrie Algébrique*，一般缩写为 EGA)。事实上，EGA 的起草时间比 Dieudonné 和格罗滕迪克正式就任 IHÉS 研究员还早半年，根据 [Corr]，那是在 1958 年的秋季。

EGA 的公认作者是格罗滕迪克，再“加上与 Dieudonné 的合作”。格罗滕迪克先写下讲义和书稿，Dieudonné 再补充细节与润色。Borel 解释说，格罗滕迪克对 EGA 有整体观点，而 Dieudonné 则只能逐行理解。他说：“Dieudonné 将它呈现得很密实，”不过同时，“当然 Dieudonné 的效率惊人，没有人可以边做这件事情，还能不损及自己的研究。”对于当时想要踏入这个领域的人，从 EGA 开始学习是令人却步的挑战。在今天，很少有人把这套书作为入门的书籍，现在已经有更多比较简单的教科书可以选择。但是这些教科书的目标不同，不像 EGA 想要完备又有系统地解释研究概形 (scheme) 时所需要的工具。现在任职于德国波恩普朗克数学研究所的 Gerd Faltings，当年在普林斯顿大学时就鼓励他的博士生阅读 EGA。如今许多数学家仍然认为 EGA 是有用且全面的参考书。现任 IHÉS 院长的 Jean-Pierre Bourguignon 说，EGA 现在每年的销量仍然超过 100 套。

格罗滕迪克的 EGA 写作计划范围宏大。在 1959 年 8 月给 Serre 的信里，格罗滕迪克给出简要的概述，其中包括基本群、范畴论、留数 (residues)、对偶性、相交理论、Weil 上同调群，以及“顺利的话，再加进一点点同伦论 (homotopy)”。格罗滕迪克很乐观地写道：“除非遇到意外的困难，或者我陷入困顿，不然这个 multiplodocus 应该在三年内能完成，最多四年。”(multiplodocus 是格罗滕迪克和 Serre 常用的玩笑用语，表示很长的论文。) 格罗滕迪克沾沾自喜地说：“这样我们就可以开始研究代数几何了！”不过后来 EGA 因为篇幅指数性地成长而气消力竭，该书的第一章和第二章各占了《IHÉS 数学集刊》一整册的篇幅，第三章占两册，最后的第四章占了四册，全部合起来共有 1800 页。尽管格罗滕迪克原来的计划没有完成，EGA 仍然是里程碑式的巨著。

EGA 的书名显然是在呼应布尔巴基的丛书《数学原理》(*Éléments de Mathématique*)，而后者又与欧几里得的经典之作《原本》(*Elements*) 相应。格罗滕迪克在 20 世纪 50 年代末之后，曾经有好几年是布尔巴基的成员，和许多其他成员很亲近。

所谓“布尔巴基”是一群数学家的假名，其中大部分是法国人，他们合作撰写一系列关于数学的基础专著。Dieudonné 还有亨利·嘉当、Claude Chevalley、Jean Delsarte 以及 Weil 都是布尔巴基的元老。这个群体经常维持在十个人的规模，但成员组合则因时更迭。布尔巴基的第一本书出版于 1939 年，到了 20 世纪 50 和 60 年代，影响力更达到巅峰。他们的丛书旨在为数学核心领域提供公设法的重新处理，其一般化的程度希望可以让大多数的数学家受惠。由于布尔巴基的大部分成员都有强势的个性以及非常特殊的个人观点，因此这些专著都是在成员活跃的、甚至火爆的讨论中撰写出来的。Borel 是布尔巴基为时二十五年的成员，他说这样的合作可能是“数学史上绝无仅有的事件”[Borel]。布尔巴基聚集了当时一些最顶尖的数学家，无私匿名地奉献许多个人时间和精力，让许多数学领域得以整理呈现。布尔巴基这套丛书造成很大的冲击。不过到了 20 世纪 70 和 80 年代，开始出现布尔巴基影响过大的杂音，有些数学家批评这套书的风格太过抽象化和一般化。

布尔巴基和格罗滕迪克的工作，在一般性与抽象性的层级上有一定的相似性，也都希望能达成根本的、彻底的以及系统性的目标。他们主要的分别在于，布尔巴基的涵盖面遍及数学许多领域，而格罗滕迪克只集中于发展代数几何的新概念，以 Weil 猜想作为首要目标。另外，格罗滕迪克的著作几乎全是以他个人的内在观点为核心，而布尔巴基则是集体的贡献，是从所有成员的观点冶炼出来的综合体。

Borel 在 [Borel] 中记载了 1957 年 3 月，后来被戏称为“顽固函子大会”(Congress of the inflexible functor) 的布尔巴基聚会，当时格罗滕迪克建议将布尔巴基关于层论的草稿，以更接近范畴论的观点重写。布尔巴基放弃这个想法，他们认为这样做可能会导致基础重建无止境的循环。Serre 回忆说，格罗滕迪克“无法真的和布尔巴基合作，因为他有自己的庞大机器，对他来说，布尔巴基的一般性还是不够。”另外 Serre 还附带说：“我不认为他喜欢布尔巴基的系统，因为我们要真的讨论并批评草稿的细节。…… 这不是他做数学的方式，他想要自己来。”格罗滕迪克在 1960 年离开布尔巴基，虽然他仍然和其中许多成员很亲近。

谣传格罗滕迪克之所以离开布尔巴基，是因为和 Weil 起冲突。不过事实上，他们两人在布尔巴基的重叠时间很短暂，根据布尔巴基的会规，成员必须在 50 岁后退出，因此 Weil 在 1956 年离开。不过，格罗滕迪克和 Weil 的确是很不同的数学家，就像 Deligne 说的“Weil 觉得格罗滕迪克对意大利几何学家的成果以及过去的文献太过无知，Weil 也不喜欢他炮制巨大机器的数学作风。…… 他们的风格差异很大。”

除了 EGA 之外，格罗滕迪克的代数几何著作里，另一个主要部分是简称为 SGA 的《代数几何论丛》，其中包括了他在 IHÉS 讨论班演讲的文字稿。

这套书最初由 IHÉS 发行，SGA2 是由北荷兰与曼森（North-Holland and Masson）两个出版社共同出版，剩下的几册则由施普林格出版社（Springer Verlag）出版。SGA1 包含了 1960—1961 年的讨论班演讲，而最后一册 SGA7 则是 1967—1969 年的部分。EGA 的目标是为代数几何奠定基础，对照之下，SGA 则记录了呈现在格罗滕迪克讨论班中持续发展的代数几何研究。另外，格罗滕迪克曾经在布尔巴基巴黎讨论班中发表许多他的研究，后来被汇集成《代数几何基础》一书（*Fondements de la Géométrie Algébrique*, 简称为 FGA），印行于 1962 年。EGA、SGA 与 FGA 合起来的总页数达到 7500 页。

神奇的扇叶

如果数学中有种东西，远比其他任何事物更吸引我（而且无疑地永远如此），它既不会是“数”，也不会是“量”，永远是**形式**。而在形式借以显现的一千零一种面貌中，最令我神驰，而且一直如此着迷的，是隐藏于数学对象中的**结构**。——《收获与播种》第 27 页

在《收获与播种》的第一册里，格罗滕迪克为非数学家提供了他研究工作的说明性概述（第 25–48 页）。他写道，在最根本的层次，他的工作想要统一两个世界：“**算术世界**，其中的（所谓）‘空间’并没有连续性的概念，另一个是**连续世界**，其中的‘空间’和日常的理解相当，可以用分析的方法来处理。”Weil 猜想之所以那么吸引人，正是因为它提供了统一这两个世界的线索。不过与其尝试直接解决 Weil 猜想，格罗滕迪克宁可将其中整个思路脉络加以大幅度的推广。这样的广度可以让格罗滕迪克感受到，Weil 猜想所存身、但却只能借由猜想惊鸿一瞥的更广阔结构。在《收获与播种》的这一节里，格罗滕迪克解释了他研究中的一些关键概念，例如**概形**、**层**、**拓扑范**。

基本上，概形就是代数解形概念的推广。给定一系列不同质数特征的有限体，概形可以因此产生一系列的代数解形，每一个都拥有自己独特的几何性质。“这一系列因不同特征数而得的不同代数解形，可以视为‘无穷的解形扇叶’（每一特征数对应到一叶）。”格罗滕迪克继续写道：“所谓‘概形’就**是**这个神奇的风扇，联结所有可能特征数的‘分支’、‘分身’或者‘轮回化身’。”这个推广到概形的概念，容许我们以统一的方法来研究代数解形的不同“化身”。Michael Artin 评述说，在格罗滕迪克之前，“我不认为人们真的相信可以这样做，这太激进了。从来都没有人敢想象这是可能的方法，敢想象在完全的一般性中进行研究，这真是非常惊人”。

从 19 世纪意大利数学家 Enrico Betti 开始，同调理论以及其对偶的上同调理论被发展成研究拓扑空间的工具。基本上，上同调理论所提供的不变量

可以作为度量某个空间向度的“量杆”。由 Weil 猜想潜藏的洞见所闪烁出的火花，让人们强烈希望改造拓扑空间的上同调方法，应用于代数解形与概形。这个希望在格罗滕迪克与其合作者的研究中相当程度地实现了。Mumford 说，为代数几何“引入上同调方法，就像黑夜与白天，它将整个领域颠覆了。这就像出现傅里叶分析之前与之后的分析学，一旦掌握了傅里叶分析的技术，突然之间你对函数就有了一种整体又深刻的洞识，上同调理论也类似这样。”

层的概念是 Jean Leray 的创见，后来更由亨利·嘉当与 Serre 深入发展其理论。在 Serre 被称为 FAC 的突破性论文《代数连贯层》(*Faisceaux algébriques cohérents*) [FAC]，Serre 展示了如何在代数几何中运用层论。格罗滕迪克在《收获与播种》中没有明确说明层的概念，但他描述这个概念如何改变了理论的风貌。当层论的概念上场后，情况就像原来美好古老的上同调标准“量杆”，突然繁衍出无穷多的崭新“量杆”，具有不同的尺度和形式，每一种都完美地适用于各自特定的测量目标。更重要的是，一个空间所有层所形成的范畴，其信息丰富到我们基本上可以“忘掉”原来的空间。所有的空间信息都藏在层当中，格罗滕迪克称之为“沉默又可靠的引路人”，带领他走上发现的道路。

格罗滕迪克写道，拓扑范是“空间概念的变形”。通过层的概念，我们可以将空间所存身的拓扑架构，转译为层范畴所存身的范畴论架构。于是，一个拓扑范可以被描述成一个范畴，它并不需要出自正常的空间，但却具备层范畴所有的“好”性质。格罗滕迪克写道，拓扑范的概念强调了一个事实，“在拓扑空间中，真正重要的不是‘点’或点构成的子集，也不是邻近的关系等，而是空间上的层，以及其所构成的**范畴**”。

Deligne 说，为了建立拓扑范的概念，格罗滕迪克“对空间观念做了很深刻的思考。”Deligne 解释说：“他为了理解 Weil 猜想所发明的理论，首先就是发展拓扑范的概念，这是空间观念的推广，然后再为这个问题定义适用的拓扑范。”格罗滕迪克也展示出“事情真的行得通，我们关于正常空间的直觉 [在拓扑范上] 也成立 …… 这是非常深刻的想法”。

在《收获与播种》中格罗滕迪克曾评论说，从技术观点，他的数学研究都是在发展当时正缺乏的上同调理论。譬如格罗滕迪克、Michael Artin，还有其他人所发展的平展上同调 (étale cohomology) 理论就是一例，这是为了应用于 Weil 猜想而发展的理论，也正是他们证明的关键要素之一。不过格罗滕迪克前进得更为深入，他后来发展出 motive 的概念，格罗滕迪克将 motive 描述成一个“终极的上同调不变量”，其他的上同调不变量都是它的不同体现或化身。虽然完整的 motive 理论至今还未成形，但是这个概念已经产生很重要的数学成果。例如在 20 世纪 70 年代，高等研究院的 Deligne 和 Robert Langlands 猜测 motive 与自守表示 (automorphic representation) 之间的确切关系，这项猜想首见于 1977 年 Langlands 的文章 [Langlands]，现在是所谓 Langlands 纲领的一部分。多伦多大学的 James Arthur 说，想要证明这项猜想最广义的形式还需要几十年。不过他指出，Andrew Wiles 对费马大定理的证明，基本上就是这项猜想在椭圆曲线二维 motive 的情况。另一个例子则是美国高等研究院 Vladimir Voevodsky 的 motive 上同调理论研究，他以这项成就获得 2002 年的菲尔兹奖，而这正是奠基于格罗滕迪克对 motive 的原创想法。

在这段回顾自己数学研究的简短反思中，格罗滕迪克写道，构成他研究的本质与威力的，不是成果或大定理，而是“观念，甚至梦想”（第 51 页）。

格罗滕迪克学派

一直到 1970 年的第一次“觉醒”，我和学生的关系，就像我和自己研究的关系一样，都是我满足和欢乐的源泉，是我生命和谐的某种实质与无可置疑的基础，而且仍然持续赋予它意义 ……——《收获与播种》第 63 页

在 1961 年秋季的一次哈佛之行中，格罗滕迪克写信给 Serre 说 [Corr]：“哈佛的数学气氛十分美好，比起逐年阴郁的巴黎，在这里可以呼吸到真正新鲜的空气。此处有相当多的聪明学生正开始熟悉概形的语言，专心致志于研究源源不绝的有趣问题。”当时 Michael Artin 刚在 1960 年完成 Zariski 指导的博士论文，并成为哈佛的 Benjamin Peirce 讲师。一完成论文，Artin 就开始学习概形的新语言，也开始对平展上同调理论产生兴趣。Artin 笑着回忆说，当格罗滕迪克 1961 年来到哈佛时，“我请他告诉我平展上同调群的定义”，但是当时这个概念根本还没有清楚的定义，他说：“事实上为了这个定义，我们争论了整个秋天。”

1962 年，Artin 转职到麻省理工学院后，带领一个讨论平展上同调的讨论班，在接下来的两年，他大部分时间都待在 IHÉS 和格罗滕迪克一起工作。因为即使平展上同调的定义已经完成，仍然还要花许多功夫整饬，才能让它变成真正实用的工具。Mumford 说：“定义看起来美妙极了，但不保证它是有限的，或可以计算，或任何事。”Artin 和格罗滕迪克投入的这项研究，成果之一是 Artin 可表示定理（Artin representability theorem）。Artin 和 Jean-Louis Verdier 一起主持 1963—1964 年的讨论班，专注于平展上同调理论的探讨。这个讨论班的成果，最后写成 SGA4 的三巨册，篇幅多达 1600 页。

有些人也许不同意格罗滕迪克对 20 世纪 60 年代早期巴黎数学圈的“阴郁”评价。不过他 1961 年回到 IHÉS 并重启讨论班，无疑为学界注入了一剂强心针。Artin 说讨论班的气氛真是“棒极了”，其中尽是巴黎数学界的领导精英，同时又有从各地来访的数学家。一群聪颖又热情的学生开始围绕在格罗滕迪克身边，在他的指导下撰写学位论文（IHÉS 并不颁授学位，因此这些学生形式上仍然是巴黎与其周边大学的学生）。1962 年，IHÉS 已经搬到巴黎近郊毕悠（Bures-sur-Yvette）的永久院址，坐落在宁静、充满树木的玛丽森林（Bois-Marie）公园中间。讨论班所在的建筑形似观景厅，有着大片的景观窗户，开阔而气韵流动的氛围提供了一个非比寻常、戏剧性的场所。而格罗滕迪克则是所有活动的灵魂人物。20 世纪 60 年代访问 IHÉS 的 Hyman Bass 回忆说："讨论班里互动频繁，不过不管谁是主讲人，格罗滕迪克都主宰了全场。"格罗滕迪克非常严格，有时对人很强势，"他并不是不友善，但也不会包容"。

格罗滕迪克发展出一种和学生相处的模式。典型的例子是现任职于南巴黎大学（巴黎第十一大学）的 Luc Illusie，他在 1964 年成为格罗滕迪克的学生。Illusie 曾经参加亨利·嘉当和 Schwartz 的巴黎讨论班，嘉当建议他跟格罗滕迪克做博士论文。Illusie 当时只学过拓扑学，因此要面对这位代数几何之"神"时，觉得很担心，结果格罗滕迪克很亲切和友善，让 Illusie 解释他当时进行的研究课题。不过在 Illusie 短短讲了一些之后，格罗滕迪克就走向黑板，开始了一段关于层、有限性条件、拟连贯性（pseudocoherence）以及类似概念的讨论。Illusie 回忆说："那就像汪洋大海一样，黑板上不停地流动着数学的概念。"结束时，格罗滕迪克说他明年的讨论班将讨论 L 函数和 l 进上同调群，而且将由 Illusie 来撰写讨论班讲义。当 Illusie 抗议他根本不懂代数几何时，格罗滕迪克说那无所谓，"你会学得很快"。

结果 Illusie 做到了。他说："格罗滕迪克的演讲非常清楚，而且他花了很多力气回顾必要的材料以及所有的预备知识。"格罗滕迪克是位很好的老师，既有耐性，又善于清晰阐释。Illusie 也说："他会花很多时间解释非常简单的例子，展示其中机理的运作方式。"格罗滕迪克会去讨论形式化的性质，这类性质经常被人用"平凡的"（trivial）为理由而漠视，被视为太过显然因此不需解释。Illusie 说："大家不想特别去讨论，不想浪费时间。"但是这类性质在教学上十分有用。"虽然过程有时候略显冗长，但是对于概念的理解却非常有好处。"

格罗滕迪克指定 Illusie 撰写讨论班某些讲题的笔记，亦即 SGA5 的第一、二、三章。Illusie 回忆当他写完，"交给他时，我浑身颤抖"。几个星期后，格罗滕迪克请 Illusie 到他家讨论笔记（他经常在家里和同僚或学生工作）。当格罗滕迪克拿出笔记摊在桌面上时，Illusie 看到上面都是铅笔写的评注。格罗滕迪克逐条讨论每项评注，两个人就这样对坐几个小时。Illusie 说："他可能对逗号有意见、对句号有意见，他也批评表音记号的标记，但是他也深刻批评某些东西的实质部分，并建议另一种整理的方式——他有各式各样的意见，但他所有的评论都切入要点。”这种对笔记逐行评论的方式，是格罗滕迪克和学生一起工作的典型方式。Illusie 还记得有些学生无法承受这么近距离的批评，最后找了别人当论文指导老师。有人甚至在和格罗滕迪克会面后几乎要哭出来。Illusie 说：“我记得有些人非常不喜欢这种方式，你得要顺服 ······ [但是] 这些不是无的放矢的意见。”

Nicholas Katz 在 1968 年访问 IHÉS 做博士后时，格罗滕迪克也给他指派工作。格罗滕迪克建议 Katz 在讨论班中做一次关于 Lefschetz 束（pencils）的演讲。“我听过 Lefschetz 束，但除了听过之外，我其实一无所知。”Katz 回忆说：“结果在那一年年底，我已经在讨论班上做过几次演讲，其内容就是现在 SGA7 的一部分。我学到很多东西，对我的未来影响很大。”Katz 说格罗滕迪克在 IHÉS 大约一周会花一天时间和访客会谈。“令人非常惊讶的是，他不知怎么就可以让他们对某个东西产生兴趣，给他们工作做。”Katz 继续解释说：“对我来说就像是，他对于该让这个特定的人思考什么样的好问题，有种惊人的洞察力。而且格罗滕迪克在数学方面有种难以置信的神采魅力，让人觉得能参与他未来的宏远愿景，几乎是一种殊荣。”

哈佛大学的 Barry Mazur 在 20 世纪 60 年代早期访问 IHÉS，他到今天都还记得格罗滕迪克在他们前几次会面时给他的问题。最先是 Gerard Washnitzer 问格罗滕迪克的问题：定义在某个体的代数解形，在不同的复数嵌入方式下，有没有可能得到拓扑互异的流形？Serre 早期已经给过例子，显示两个流形可能不同。受到这个问题的启发，Mazur 曾经和 Artin 继续做过某些同伦论方向的研究。不过到了格罗滕迪克向他提出这个问题时，Mazur 已经是专业的微分拓扑学家，不会再回头想这类问题。Mazur 说：“对 [格罗滕迪克] 来说，这是自然的问题。但对我来说，这正好是最合适的契机，让我开始思考代数的问题。”Mazur 说格罗滕迪克具有一种真正的才能“为人和问题配对，他会量身打造适合你的问题，这个问题将会照亮你的世界。这种特别的感知能力非常美妙，而且很罕见。”

除了在 IHÉS 和学生、同僚一起工作之外，格罗滕迪克也和巴黎以外的许多数学家保持通信联络，其中有些人是在别的地方进行他的计划。例如加州大学柏克利分校的 Robin Hartshorne 1961 年时人在哈佛，从格罗滕迪克在哈佛的演讲中，找到他博士论文主题的想法，那是关于 Hilbert 概形的问题。博士论文一完成，他就寄了一份给已经回到巴黎的格罗滕迪克。在 1962 年 9 月 17 日的回信中，格罗滕迪克先对论文做了简短的正面评价。“[信里] 接下来的三到四页，是更多未来我或许可以发展的定理的想法，以及针对这个主题大家可能想知道的事情。”Hartshorne 说信中建议的想法有些“极端困难”，但其他则展现了他卓越的先见之明。在格罗滕迪克倾倒出这些想法之后，他才又回到 Hartshorne 的论文，提供三页详细的意见。

格罗滕迪克与妻子Mireille和儿子Mathieu，1965年5月，巴黎

格罗滕迪克与Karin Tate，1964年，巴黎

在 1958 年爱丁堡数学家大会上，格罗滕迪克概述了他关于对偶性理论的想法，但因为他在 IHÉS 的讨论班忙于其他课题，所以并没有处理这个问题。于是 Hartshorne 自愿在哈佛举办对偶性的讨论班，并且撰写笔记。1963 年夏季，格罗滕迪克提供给 Hartshorne 大概 250 页的“前期讲义”，作为讨论班的基础架构。Hartshorne 在 1963 年秋季开展讨论班，听众提出的问题协助他发展并精炼这个理论，而 Hartshorne 也开始有系统地将它整理出来。他将每章寄给格罗滕迪克征询意见，Hartshorne 回忆：“稿件回来时，上面充满了红色墨水的评注，我照他说的每项订正，再将新版本寄给他，结果回来时上面又写满了更多的红色意见。”当 Hartshorne 意识到这样的来来回回可能没完没了时，有一天他决定将文稿送印发行；在 1966 年的施普林格的“数学讲义丛书”(*Lecture Notes in Mathematics*)中出版 [Hartshorne]。

根据 Hartshorne 的观察，格罗滕迪克“点子非常多，在那段时间，他几乎让全世界认真研究代数几何的人都忙碌不休”。他如何持续推动这整个大业呢？Artin 说：“我不觉得有简单的答案。”当然格罗滕迪克的精力与广度一定是个中原因。Artin 继续说：“他精力充沛，而且他的研究确实覆盖了许多领地。惊人的是，他完全主导这个领域大约十二年，没有让任何无能之辈参与其中。”

在格罗滕迪克的 IHÉS 岁月里，他全心全意投入数学。格罗滕迪克做研究的庞大精力与能力，再加上他对内心愿景的执着忠诚，产生源源不绝的想法，将许多人卷入洪流之中。格罗滕迪克对于他为自己规划的令人畏惧的计划从不退缩，他坦然投身其中，事无大小勇于承担。Bass 说："他对数学的规划远超出一个人的能力。"他将许多工作分配给他的学生和合作者，当然他自己也负责很大的部分。就如他在《收获与播种》中解释的，他的动机单纯就只是一种想要理解的欲望。事实上，当时认识他的人都肯定，格罗滕迪克完全不是被任何意义的竞争想法所驱策。Serre 说："那个时候，他完全没有要比什么人先证明什么东西的想法。"而且退一步说，"在某种意义下，他根本不可能去和别人竞争，因为他想用自己的方法做研究。基本上没有人愿意做类似的事情，那太繁重了"。

格罗滕迪克学派的强势地位也造成一些不好的影响，即使是格罗滕迪克杰出的 IHÉS 同事 René Thom 也感受到压力。在 [Fields] 中 Thom 说，比起其他 IHÉS 的同事，他和格罗滕迪克的关系"比较不融洽"。Thom 写道："他有压倒性的技术优势，他的讨论班吸引了整个巴黎数学界，而我却拿不出什么新东西，这让我离开纯粹的数学界，转而处理更一般的观念。例如形态发生学（morphogenesis），这是更吸引我的主题，引导我到一种非常广义形式的'哲学'生物学。"

1988 年教科书《大学代数几何》的作者 Miles Reid 在书后的历史评注写道："对格罗滕迪克的个人崇拜有严重的副作用。许多奉献一生大部分时间去熟悉 Weil[代数几何] 基础观点的人，受到排斥与羞辱。…… 一整个世代的（主要是法国）学生受到洗脑，愚蠢地相信如果一个问题不能用高度的抽象形式盛装打扮，就不值得研究。"就当时的潮流，这样的"洗脑"也许是不可避免的副作用，但是格罗滕迪克本人倒是从不寻求为抽象而抽象。Reid 也指出，除了格罗滕迪克的一小部分可以"跟上脚步，生存下来"的学生，被他的想法影响而获益最大的是比较远距离的人，尤其是美国、日本以及俄罗斯的数学家。Pierre Cartier 就在俄罗斯数学家的研究中看到格罗滕迪克的传承，包括 Vladimir Drinfeld、Maxim Kontsevich、Yuri Manin 以及 Vladimir Voevodsky。Cartier 说："他们不但掌握到格罗滕迪克的真精神，而且能够将它与其他东西结合起来。"

延伸阅读

1. Pragacz, Piotr, Note on the Life and Work of Alexander Grothendieck (2004). 原文为波兰文，由 Janusz Adamus 译为英文. 可以和本文并读. http://www.math.jussieu.fr/~leila/grothendieckcircle/pragacz.pdf.

2. Grothendieck Circle（格罗滕迪克圈网站）

http://www.grothendieckcircle.org/.

3. Grothendieck: Biography, Mathematics, Philosophy. 三册书的计划，本网页是第二册的材料，包括格罗滕迪克较深入的数学题材与相关的传记资料. http://www.math.jussieu.fr/~leila/grothendieckcircle/peyresqbooks.html.

参考文献

[Aubin] D. Aubin, *A Cultural History of Catastrophes and Chaos: Around the "Institut des Hautes Études Scientifiques," France*, doctoral thesis, Princeton University, 1998.

[Borel] A. Borel, Twenty-five years with Nicolas Bourbaki, 1949 — 1973, *Notices*, Amer. Math. Soc. **45** (1998), 373–380.

[BS] A. Borel and J.–P. Serre, Le théorème de Riemann–Roch, *Bull. Soc. Math. France* **86** (1958), 97–136.

[Cartier1] P. Cartier, A mad day's work: From Grothendieck to Connes and Kontsevich. The evolution of concepts of space and symmetry, *Bull. Amer. Math. Soc.* **38** (4), 389–408; published electronically July 2001.

[Cartier2] ____, Un pays dont on ne connaîtrait que le nom: Les 'motifs' de Grothendieck, *Le Réel en Mathématiques* (P. Cartier and N. Charraud eds.), Agalma, 2004.

[Cerf] J. Cerf, Trois quarts de siècle avec Henri Cartan, *Gazette des Mathématiciens*, April 2004, Société Mathématique de France.

[Corr] *Corréspondance Grothendieck–Serre.* Société Mathématique de France, 2001. (Published in a bilingual French–English version by the Amer. Math. Soc., 2003, under the title *Grothendieck–Serre Correspondence.*)

[D1] J. Dieudenné, A. Grothendieck's early work (1950 — 1960), *K–theory*, **3** (1989), 299–306. (This issue of *K–Theory* was devoted to Grothendieck on the occasion of his 60th birthday.)

[D2] ____, Les travaux de Alexander Grothendieck, *Proc. Internat. Congr. Math. (Moscow, 1966)*, pp. 21–24. Izdat. "Mir" , Moscow, 1968.

[Edin] A. Grothendieck, The cohomology theory of abstract algebraic varieties, *1960 Proc. Internat. Congress Math. (Edinburgh, 1958)*, pp. 103–118, Cambridge Univ. Press, New York.

[FAC] J.–P. Serre, Faisceaux algébriques cohérents, *Ann. of Math.* **61** (1955), 197–278.

[Fields] *Fields Medalists' Lectures*, (M. Atiyah and D. Iagolnitzer, eds.), World Scientific, second edition, 2003.

[Gthesis] A. Grothendieck, *Produits tensoriels topologiques et espaces nucléaires*, Memoirs of the AMS (1955), no. 16.

[Hallie] P. Hallie, *Lest Innocent Blood Be Shed*, Harper– Collins, 1994.

[Hartshorne] R. Hartshorne, *Residues and Duality*, Lecture notes of a seminar on the work of A. Grothendieck, given at Harvard 1963/64. With an appendix by P. Deligne. Lecture Notes in Mathematics, No. 20, Springer–Verlag, 1966.

[Heydorn] W. Heydorn, *Nur Mensch Sein!, Memoirs from 1873 to 1958*, (I. Groschek and R. Hering, eds.), Dölling and Galitz Verlag, 1999.

[Ikonicoff] R. Ikonicoff, Grothendieck, *Science et Vie*, August 1995, No. 935, pp. 53–57.

[Langlands] R. P. Langlands, Automorphic representations, Shimura varieties, and motives. Ein Märchen, *Automorphic forms, representations and L–functions*, Proc. Sympos. Pure Math., Oregon State Univ., Corvallis, Ore., 1977, Part 2, pp. 205–246. Amer. Math. Soc., 1979.

[Nasar] S. Nasar, *A Beautiful Mind*, Simon and Schuster, 1998.

[R&S] *Récoltes et semailles: Réflexions et témoignages sur un passé de mathématicien*, by Alexandre Grothendieck. Université des Sciences et Techniques du Languedoc, Montpellier, et Centre National de la Recherche Scientifique, 1986.

[Scharlau] Materialen zu einer Biographie von Alexander Grothendieck, compiled by Winfried Scharlau. Available at http://www.math.uni-muenster.de/math/u/charlau/scharlau.

[Schwartz] L. Schwartz, Les produits tensoriels d'après Grothendieck, Séminaire Secrétariat mathématique, Paris, 1954.

[To] A. Grothendieck, Sur quelques points d'algèbre homologique, *Tôhoku Math. J.* (2) **9** (1957), 119–221.

[Washnitzer] G. Washnitzer, Geometric syzygies, *American Journal of Mathematics*, **81** (1959), 171–248.

[Weil1] A. Weil, *Foundations of Algebraic Geometry*, AMS Colloquium Publications, No. 29, 1946.

[Weil2] ____, Numbers of solutions of equations in finite fields, *Bulletin of the Amer. Math. Soc.*, **55** (1949), 497–508.

编者按：本文原文发表在 2004 年的 *Notices of the AMS* 第 51 卷第 9 期，译文转载自《数理人文》创刊号（2013 年 12 月）。译者感谢李宣北、赵学信提供许多译文的宝贵意见。

亚历山大·格罗滕迪克：只知其名的数学国土

Pierre Cartier

译者：王涛，贾立媛

皮埃尔·卡吉耶（Pierre Cartier，1932— ），法国数学家，1958 年在巴黎高等师范学校（École Normale Supérieure）获博士学位，导师是亨利·嘉当（Henri Cartan）和安德烈·韦伊（André Weil）；其主要研究领域为代数几何、表示论、范畴论与数学物理，是布尔巴基后期的代表人物，也是格罗滕迪克的生前同事与好友。

无须向数学家们介绍亚历山大·格罗滕迪克（Alexander Grothendieck，1928—2014）：因为他是 20 世纪最伟大的科学家之一。他的人格不应该被混淆于流言蜚语。他是一个处在社会边缘的人，着手故意毁掉自己的工作，或者至少有意解散了他自己的学派，尽管该学派的重要工作已经被一流的同行和门徒们热情地接受并发展。

格罗滕迪克的人生旅途？他有一个被纳粹及其犯罪活动所毁灭的童年，有一个早年不在他身边、随后又在社会动荡中失踪的父亲，还有一个将他放在身边并且长期影响到他与其他女性关系的母亲。他用疯狂投身于极度抽象的数学研究来进行补偿直至精神失常，通过这样非凡的投入，来阻止病态的痛苦追上并吞噬他。

刻画格罗滕迪克是困难的。就像高斯（Carl Friedrich Gauss，1777—1855）、黎曼（Bernhard Riemann，1826—1866）和许多其他数学家一样，他着迷于空间的概念。然而他的原创性在于加深了几何学中点的概念[1]。这些研究看起来或许微不足道，但是形而上的部分却是相当重要的；它引发的哲学问题远未解决。在它的最终形式中，格罗滕迪克最引以为傲的研究，以“母题”（motive）或“模式”（pattern）的概念为核心，被视为一个灯塔，

[1]在成立 40 周年的纪念会上，法国高等科学研究所发表了我的《疯狂的日子》（La folle journée），其中通过诉诸格罗滕迪克的思想，分析了一个几何的点的概念。参见 Pierre Cartier，La folle journée，de Grothendieck à Connes et Kontsevich. Évolution des notions d’espace et de symétrie. Publications Mathématiques de l’IHÉS 88（1998）：23–42.

它使我们能够透过各种表面形式的暂时掩盖，看到给定对象的所有本质。但是这一概念也呈现出一点，他不完善的工作为虚空开了大门。格罗滕迪克特有的风格促使他能够接受这个瑕疵。大多数科学家则有点热衷于从沙滩中抹去他们的足迹，掩盖他们的幻想与梦想，而致力于最后的成熟形象，正如François Jacob[2)]所说的那样。

从 1990 年开始，变得更加孤独的格罗滕迪克为我们写了一部庞大的、内省的作品：《收获与播种》(*Récoltes et Semailles*)[3)]。如果它的存在已经引起了一些不良的好奇心，但我还是要在让此书本身讲述一个极为特殊之人的非凡事业前，提供尽可能合理与诚实的工作评价。

1　生平简介

1.1　流浪的一家人

有三个人物：父亲、母亲和儿子，每一个人都以一种独特的方式引人注意；还有一个人物，一个他也不太了解、年龄大他不多的同母异父的姐姐，最近刚刚在美国去世。据我所知，他父亲的名字是 Schapiro，这表明了他犹太教哈西德派(Hassidic)的根源。他违背了家族的传统，被犹太圈的俄国革命所吸引，在 17 岁时参加了最终失败的 1905 年反沙皇革命。为这次尝试他度过了超过 10 年的牢狱生活，直到 1917 年革命时才被释放。这标志着一段无止境的革命徘徊时期以及第一个长系列监禁的开始。最后，在西班牙佛朗哥(Franco)取得胜利之后，他再度与成为法国难民的妻子 Hanka 和儿子亚历山大团聚，那时他的儿子证实，他是一个残疾人。他漫无目的地飘荡了一段时间；然后像许多其他反法西斯难民一样，他于 1939 年初被拘禁在 Vernet 集中营，直到维希当局(Vichy)[4)]将他转交给纳粹，最后他在 Auschwitz 失踪[5)]。

格罗滕迪克的母亲 Hanka Grothendieck 是一个北德人，他的姓正是来自于母亲。在 20 世纪 20 年代期间，Hanka 活跃于数个极左群体中并致力于写作。在遇到 Schapiro 之前，她已经有一个女儿。亚历山大于 1928 年 3 月出

[2)]译注：François Jacob，犹太裔法国生物学家，他与 Jacques Lucien Monod 发现了酶在原核生物转录作用调控中的角色，从而共同获得了 1965 年的诺贝尔生理学或医学奖。

[3)]Alexander Grothendieck，Récoltes et Semailles: réflexions et témoignages sur un passé de mathématicien，1985. 格罗滕迪克不仅是我的同事，也是我非常亲密的一个朋友。他仅送给我《收获与播种》中他认为我可以理解的部分。至于剩余的部分，我翻阅了法国高等科学研究所图书馆的复印本。

[4)]译注：第二次世界大战期间纳粹德国占领下的法国傀儡政府，因政府所在地在维希而得名。

[5)]我的同事 Szpiro 确认这一点；他的父亲因类似的原因也被拘禁在 Vernet。这些回忆在 60 年后才为人所知。

生于柏林[6]。当希特勒掌权后，Hanka 移民到法国，在德国移民圈的夹缝中艰难生存。但是到 1939 年，Hanka 和她的儿子被囚禁在 Mende，他们仅在 1940 年 6 月的崩溃[7]中得到了喘息之机。

亚历山大（他一直坚持使用这个名）的父母在离开德国的时候将他抛弃。他在 1938 年（那时他 10 岁）之前一直躲在德国北部的一个农场上，期间被 Freinet 学校的一个坚信回归自然的老师收养。他在 Chambon-sur-Lignon 小镇——一个受到大多数新教教徒欢迎的愉快的度假胜地（在和平年代）度过了 1942—1944 年。那里有一所私人高中——Cévenol 中学，它在 1939 年之前主要是一所为遭遇厄运但却富有的新教年轻人提供中学文凭教育的学校。然而在战争期间，在牧师 Trocmé 的强烈影响下，这所致力于解救犹太儿童的学校成为反抗纳粹的精神中心。格罗滕迪克寄宿在瑞士之家（Foyer Suisse），同时在 Cévenol 中学读书。他给人留下了如此深的印象，以致到了 20 世纪 50 年代后期，我还能从目击者那里听到关于他的故事。

1.2 性格形成时期

格罗滕迪克的童年结束了。1945 年，他从 Cévenol 中学毕业，成为蒙彼利埃大学的一名大学生，开始了他的科学训练时期。

格罗滕迪克第一次清晰的数学经历发生在他是一个本科生的时候。他描述自己对当时的教育非常不满。他的老师告诉他一个叫作勒贝格（Henri Léon Lebesgue，1875—1941）的人已经解决了数学中的所有难题，但是这些内容太难而不讲授。在几乎没有任何指导的情况下，格罗滕迪克独自重构了勒贝格积分的一个非常一般的形式。在《收获与播种》中，他详细地讲述了第一项数学工作的起源，独立得到结果的事情；他天真地认为自己是世界上唯一的数学家[8]。

当格罗滕迪克拿到学位并于 1948 年到达巴黎时，他的成名期开始了。他在蒙彼利埃大学的教授将他推荐给自己之前的导师——埃利·嘉当（Élie Cartan，1869—1951），却不知道老嘉当在当时已影响甚微，而其儿子亨利·嘉当（Henri Cartan，1904—2008）盛名如当年的父亲，并将主导巴黎乃至法国的数学发展。

亨利·嘉当这位大名鼎鼎的新教大学教授，与这名年轻的自学成才叛

[6]1945 年的柏林灾难摧毁了所有的公众档案。格罗滕迪克因此遇到了无尽的管理问题。直到 20 世纪 80 年代早期，他一直以联合国颁发的南森护照旅行；这些是颁发给无国籍的人们的文件，虽然这样的人很少。在 1980 年确认自己不再需要服兵役，他才成为一名法国公民。

[7]译注：1940 年 6 月，法国向德国投降。

[8]我对数学已有感觉，但我不知道是否将以它为职业。我的祖父毕业于国立高等工程技术学校（École des Arts et Métiers），我的叔叔毕业于中央理工学院（École Centrale）；我家人的夙愿是看到我进入巴黎综合理工学院（École Polytechnique）。

逆学生之间的关系很融洽。因此，韦伊（André Weil，1906—1998）建议将格罗滕迪克送往南锡；在那里，布尔巴基群体的首倡者德尔萨特（Jean Delsarte，1908—1963）已经驾轻就熟地当上了数学学院的院长，使得布尔巴基的进入成为可能[9]。迪厄多内和施瓦兹（Laurent Schwartz，1915—2002）知道如何适当训练格罗滕迪克，使他避免过分扩张自己，以及如何限制他极度一般性的极端品位。他们也知道怎样给他像勒贝格积分那样的问题。很快，这个弟子超过了他的老师们：独自一人、没有指导甚至故意孤立自己，他主宰了泛函分析领域。与此同时，他与南锡的女房东同居并生了一个儿子——Serge。当若干年后，格罗滕迪克要求独自照顾 Serge 时，他开始了一场几乎没有胜算的监护权诉讼。不过这仅仅是他混乱的家庭生活的开始：他共与 3 名女子育有 5 个孩子，与其父亲一样，格罗滕迪克也没有对他的孩子尽到父亲的责任。

1.3 在法国高等科学研究所的黄金岁月

他在南锡的数学工作建立了自己的声望，他大可以沿着这个势头轻松地前进。但他这样描述自己，他说他建造房屋不是为了让自己居住（即不停留在一个研究领域）。他开始一名研究者的典型生涯，很快被法国国家科研中心（CNRS）聘用，继而升职，并在写完毕业论文后在国外访问了几年。当他从圣保罗回来时，他不再研究泛函分析。那是他大师时期的开始，从 1958 年一直到 1970 年，与布尔巴基的全盛时期吻合。使他做出这一非凡工作的平台是 Léon Motchane 给他的，一个在 Bures-sur-Yvette 镇创办了法国高等科学研究所（IHÉS）的出色商人。他邀请迪厄多内担任所里的第一任数学主席，后者那时刚完成他的形式群理论的研究。迪厄多内接受了这一职位，但条件是他要聘用格罗滕迪克。之后，这两个人又聘用了塞尔（Jean-Pierre Serre，1926—），塞尔对数学的统一性有敏锐的感觉，科学素养高、思维敏捷并且技术高超，这将使他们保持兴奋的状态。当韦伊和格罗滕迪克不想直接交流时，塞尔在他们中间扮演着中间人的角色，他对澄清韦伊的猜想做出了很大贡献。塞尔好比数学研究中的完美打手（我想说的是媒人），将猎物恐吓到格罗滕迪克的网中，网中的打手同样强悍，猎物几乎不能反抗。

之后，格罗滕迪克开始创立世界上最有名望的数学讨论班之一。他和他周围一群优秀的年轻人一起，满腔热血地投入到数学研究中，每天的讨论时

[9] 尼古拉・布尔巴基合作者协会成立于 1935 年。其创立者为亨利・嘉当、谢瓦莱（Claude Chevalley，1909—1984）、库伦（Jean Coulomb，1957—1962）、德尔萨特、迪厄多内（Jean Dieudonné，1906—1992）、埃瑞斯曼（Charles Ehresmann，1905—1979）、波赛尔（René de Possel）、曼德尔布罗特（Szolem Mandelbrojt，1899—1983）与韦伊。

间持续 10 到 12 小时[10]。他构造出一项计划将算术、代数几何与拓扑融合在一起的庞大纲领。正如他在自己的比喻中所说，他是一名大教堂的建造者，并将工作分给他的团队成员。他每天都会派发冗长的并且难以辨认的数学草稿给迪厄多内，后者每天早上 5 点到 8 点都坐在桌前工作，将潦草的书写转化成令人印象深刻的署有迪厄多内与格罗滕迪克的多卷本合集，随后发表在法国高等科学研究所的数学出版物上。迪厄多内放弃了个人的所有抱负，献身到这项工作中，他为布尔巴基的工作也做出了同样的牺牲。然而，他只在法国高等科学研究所待了几年；在尼斯大学成立后，他成为理学院的第一任院长。但这并没有终止他与格罗滕迪克的合作，他甚至还有精力组织 1970 年在尼斯召开的国际数学家大会[11]。

IHÉS 团队的成功是即时、轰动的。早在 1962 年，塞尔就预言代数几何与概形理论[12]是等价的。关于这门课题的直接或间接出版物增长到几千页。在格罗滕迪克放弃数学后，德利涅和伊吕西（Luc Illusie，1940— ）努力去完成代数几何讨论班系列的出版，然而格罗滕迪克对此并不领情。格罗滕迪克的学派结束了；与之相关的开放精神也消失了；运转不畅；布尔巴基的事业同样如是[13]。

1.4 与高层决裂

格罗滕迪克的数学声望于 1966 年达到顶峰。他将在莫斯科举行的国际数学家大会上获得最高荣誉——菲尔兹奖[14]。苏联政府虽然很不愿意给他发签证（他的父亲在 1917 年革命之后成为“人民的敌人”），但他们仍相信可以在极度严峻的冷战中操控数学家。（然而，斯梅尔（Steven Smale，1930— ）在莫斯科组织的一次小游行却清晰地显示出他们想控制数学家是多么的困难。）格罗滕迪克最终没有出席大会。[他应该获得了签证，但为了抗议苏联政府逮捕两名持不同政见的作家而拒绝前往。——编注]

因此，在这件事的背景下，以及社会弊端的显现（1965 年伯克利骚乱，导致了法国 1968 年的五月学生运动风暴），格罗滕迪克的软肋被抓住了，或者更确切地说他最深的伤口被重新打开了。这个伤口就是，他的俄裔犹太父亲被一个重起反犹浪潮的国家仍记在另册中；外加“诺贝尔综合症”，特别是

---

[10]在《收获与播种》中，格罗滕迪克提及并说出了 12 个学生的名字。中心人物是德利涅（Pierre Deligne，1944— ），他在这篇故事中结合了耶稣的爱徒约翰与犹大的特点。啊，符号的重要性。

[11]这次大会使得迪厄多内与格罗滕迪克之间出现了裂痕。大会的负责人迪厄多内信仰科学是为了科学，而激进的自由主义者格罗滕迪克则利用大会传播他的革命性思想，他们之间的不理解变得彻底清晰了。

[12]格罗滕迪克的创造。

[13]各类研究所与各种文明的共同命运。

[14]我们喜欢将此奖比作诺贝尔奖（数学中没有诺贝尔奖），但它每 4 年才颁发给 3 到 4 名获奖者。

菲尔兹奖表彰了一个没有结束的项目，而他怀疑他永远也不能达到自己的科学目标[15)]。与此同时，周围的社会动乱也揭示了他自身的矛盾。他自认为是一个反叛者和无政府主义者，却突然发现他实际上是国际科学界的要人，一个影响思想和他人的权威。在一个所有权威受到质疑的时期，他对这种双重性格感到不安。他的即时反应是成立一个小的组织，该组织在一份称为《生存》（后期改为《生存与生活》）的通讯杂志中表达自己的观点。这个运动类似于 20 世纪 70 年代出现的一个“生态末日”（ecological-doom 教派）——核武器战争的威胁（在那时真实存在）以及污染和人口过多。或许他相信社会讨论也能用数学证明的技术来完成。最后，他仅仅成功地说服了他的听众。接下来是漫游的几年：他于 1970 年 9 月以一个相对来说很小的托辞从 IHÉS 辞职[16)]，随后到国外旅行，然后在法兰西公学院（Collège de France）[17)]谋得一个临时职位[18)]，最后在他青年时代的蒙彼利埃大学任教授，对此职位，他勉强感到满意。

1.5 内心的放逐

在蒙彼利埃期间，有一个特殊事件可谓是里程碑的事件：他的审讯。格罗滕迪克总是欢迎许多边缘的群体到他的家中。20 世纪 70 年代，许多奇怪的群体来到 Lozère 省与 Larzac 镇[19)]，在外界看来，格罗滕迪克的家是空想共产主义村庄的具体化身，他是其中的领袖之一。伴随着许多真实或者夸大的事件，当地的警察对格罗滕迪克的房子进行了突然检查。唯一能指控他的罪名是他招待了一名日本僧侣，一个他在孟买塔塔研究所的前学生，一个完全无害的人物，但他在法国的签证许可已超期。意想不到的结果是，6 个月后蒙彼利埃的地方法院的传唤，而那时日本僧侣早就离开去澳洲了。本应该一个 10 分钟完成的程序变成了一件大事。格罗滕迪克出现在巴黎布尔巴基的讨

---

15)一个可望而不可即的职业生涯高点。

16)即发现 IHÉS 接受从研究与技术研究处（DRET，国防部的一部分，一个资助军事研究的组织）的少量资助，该资助是由 Michel Debré（当时的法国总理）推荐的。IHÉS 的资金来源向来很不透明，但军方资助一直只占很少部分。然而，设想最终可能有一个整体计划在新的世界大战中（这次反对苏联）征召科学家，而 IHÉS 已经成为该计划的一部分，这不是完全荒谬的。只有 Motchane 能告诉我们这一点。

17)译注：法兰西公学院是法国独立于正规教育体制外的公开学校，注意其与法国的学术权威机构法兰西学会（L'Institut de France）及其下属法兰西学术院（L'Académie Française）是不同的机构。

18)从 1970 年到 1972 年，他是那里的临时教授（一个专门为外国人设的职位）。在那个特别的时刻，他本可以获得终身职位，但他明白地宣称他将利用这个席位作为他宣传无政府主义思想的工具。这导致在格罗滕迪克、蒂茨（Jacques Tits，1930— ）与我三人之间的奇妙竞争，这对于法兰西公学院非同寻常，最终以蒂茨被任命为群论讲座教授而结束。

19)译注：法国的行政区从大到小依次是大区（région）、省（département）、选区（canton）、市镇（commune）、村庄或镇（bourg）。

论班上，提醒他的同事：施瓦兹、Alain Lascoux（1944—2013）[20]和我。到审讯的那一天，法官已经收到 200 封支持被告的信，一架包机中出现了穿着主任礼服的各色支持者（打头的是迪厄多内），香槟社会主义者[21]中教会边缘者，法律界的重量级人物等。格罗滕迪克作为自己的律师，宁肯辩护失败也不愿意在形式上接受让步。他为自己的辩护成为一场精彩的报告。唉，正如格罗滕迪克所预言的那样，懦弱的法官判决他 6 个月缓刑。上诉维持了原判，但那时候媒体的兴奋度已经渐渐消失了。

格罗滕迪克于 1988 年退休，此后他一直住在 Ariège 省（法国西南大区 Midi-Pyrénées 地区的一个省）的一个小村庄过着内心放逐的生活。他似乎断绝了所有的亲戚关系。他的居住地与悲惨的、声名狼藉的 Vernet 集中营如此之近，这并非没有意义，所有这些都与他的童年相关。他既没有电话，也没有确定的通讯地址，只有很少部分人知道他退休后的准确地址，但他们已承诺不能将其泄露出去。他独自居住，被他的邻居视为一个“有点古怪的退休数学教授”。他已经将他的精神生活转变成佛教术语，抛弃了他正统的犹太祖先对饮食禁忌的尊重：他尝试最极端的素食主义，这似乎导致了他的健康受损。

2 他的数学工作

用几页的篇幅将格罗滕迪克的科学工作呈现给外行的大众是一项挑战。为了做到这一点，我将利用格罗滕迪克长期以来最亲密的合作者迪厄多内，在庆祝格罗滕迪克 60 岁生日之际的纪念文集（Festschrift）引言中所提供的分析[22]。

2.1 泛函分析

康托尔（Georg Cantor，1845—1918）的集合论使 20 世纪的继承者们能创立泛函分析。这是经典微积分（由莱布尼兹（Gottfried Wilhelm Leibniz，1646—1716）和牛顿（Isaac Newton，1643—1727）创立）的扩展，其中不仅考虑特殊的函数（如指数函数和三角函数），而且考虑特定类型的所有函数上可进行的运算与变换。在 20 世纪初由博雷尔（Émile Borel，1871—1956）尤其是勒贝格创立的新的积分理论，与巴拿赫（Stefan Banach，1892—

[20] 译注：Alain Lascoux，法国数学家，Marne la Vallée 大学教授，主要研究领域为代数组合，曾任南开大学特聘教授。

[21] 译注：香槟社会主义者指口头声称支持人人平等、富人帮助穷人的公平社会，可自己却不去身体力行的有钱人。

[22] Jean Dieudonné，De l'analyse fonctionelle aux fondements de la géométrie algébrique，in Pierre Cartier et al.，eds.，The Grothendieck Festschrift，Basel: Birkhaeuser，1990，1–14.

1945）、弗雷歇（Maurice Fréchet，1878—1973）和维纳（Norbert Wiener，1894—1964）引入的赋范空间，为数学构造与证明提供了新工具。泛函分析在一般性、简洁性与协调性方面是一个有魅力的理论，并且它能优雅地解决困难的问题。然而，它经常使用非构造性的证明方法（如 Hahn-Banach 定理，Baire 定理及其推论）证明一个数学对象的存在，却不能为它提供一个有效的构造方法。（如是否存在两个无理数 a 和 b，使得 a 的 b 次方是有理数？明显的证明说明存在，但却不能确定这些数。）作为对这些理论感到兴奋的一个初学者，格罗滕迪克对他从蒙彼利埃有点传统的教授那学到的泛函分析抱有满腔热情，也就不足为其了。

当格罗滕迪克 20 岁进入 1948 年的巴黎数学界时，他已经写了多篇手稿，其中他重建了勒贝格积分的一个非常一般的形式。在南锡，迪厄多内、德尔萨特、戈德门特（Roger Godement，1921—2016）、施瓦兹（都是布尔巴基群体的活跃成员）正在努力去超越巴拿赫关于泛函分析的工作，而格罗滕迪克在南锡这样一个极好的环境中可以说是如鱼得水，他彻底革新了泛函分析这一学科，甚至在某种程度上终结了它。在他 1953 年所写并于 1955 年发表的论文中，为了解释施瓦兹关于泛函算子中重要的核定理，他从巴拿赫空间及其推广的张量积理论出发，创造并发明了核空间的概念。受盖尔范德（Israel Moiseevich Gelfand，1913—2009）影响的俄国数学家充分利用了核空间的理论，核空间将成为将概率论的技巧应用至数学物理难题（统计力学，“构造”量子场论）的关键之一。在写了一篇关于度量不等式深奥难懂和意义深远的文章后，格罗滕迪克放弃了这项激发整个学派（Gilles Pisier 与他的同事）40 年之久的研究。他不在意自己思想的结果，对导致广岛原子弹爆炸的理论物理就更是如此了，他甚至有些憎恶理论物理。

2.2　同调代数

之后，格罗滕迪克在 27 岁时开始了第二个数学生涯。在法国数学辉煌的 1955 年，那时布尔巴基学派中的数学家们，在亨利・嘉当、施瓦兹和塞尔的领导下，解决了几何、群论和拓扑中最困难的问题。新工具出现了：层论和同调代数（前者由勒雷（Jean Leray，1906—1998）创立，后者由亨利・嘉当与艾伦伯格（Samuel Eilenberg，1913—1998）创立，他们的专著《同调代数》（*Homological Algebra*）于 1956 年出版）。这些工具在普遍性与灵活性方面都是极好的。

赫斯珀里得斯[23]果园中的金苹果是韦伊在 1949 年提出的著名猜想。尽管此时许多重要意义的特殊情形已经证明，然而这个看上去是极度一般性组合

---

[23]译注：赫斯珀里得斯（Hesperides）是希腊神话中看守极西方赫拉金苹果圣园的仙女，她们歌声嘹亮，主要由三位姐妹组成。

问题的韦伊猜想（计算变量在伽罗瓦域中的代数方程解的个数）还远没有被证明。

格罗滕迪克第一次向新领域的进军犹如晴天霹雳。昵称“东北”（Tōhoku）的一份杂志开始为人所知，因为1957年一篇不起眼的标题为“同调代数若干问题”[24]的文章出现在日本《东北数学杂志》（*Tōhoku Mathematical Journal*）上。同调代数是一种从所有的特殊情形抽象出的一般工具，已经成为已知方法与结果的总结。但是层论并没有进入这个框架中。勒雷仿照埃利·嘉当（亨利·嘉当的父亲）的几何方法构造了层论和它们的同调。在1950年的秋天，艾伦伯格在巴黎待了一年，试图与嘉当合作给出层同调的一个公理化的刻画，但要保留它的原有特色。当塞尔1953年将层引入到代数几何中时，扎里斯基拓扑表面上看来病态的性质迫使他运用一些非常不直接的构造。格罗滕迪克的天才在于从根本上解决了问题，这是一个他将要经常使用的方法。在模的背景下分析同调代数的成功，他发现了交换范畴的概念（同时由David Buchsbaum发现），特别是他称为AB5* 的条件。这个条件保证了所谓的内射对象的存在。层满足AB5* 条件，作为模基础的内射分解的方法，可以在不需要任何巧妙方法的一般情况下推广到层。它不仅为层同调提供了一个可靠的基础，也为模与层提供了相似的一整套理论，包括引进了层的Ext与Tor函子。一切都是浑然天成。

2.3 代数几何与算术几何

在开始了上述工作（1955—1958）之后，格罗滕迪克宣布他的研究计划：通过为代数几何重新打造基础来创立算术几何，以此寻求最大程度地运用在拓扑学中创造出来的新方法，这一方法已经被亨利·嘉当、艾伦伯格和塞尔使用过。他大胆地闯进当时没有一个数学家（谢瓦莱，郎（Serge Lang，1927—2005），永田雅宜（Masyoshi Nagata，1927—2008），塞尔与我）敢于进入的领域，他以特有的活力与激情急切地投入工作。格罗滕迪克事业的迅速发展归功于以下不可思议的众多原因：迪厄多内对于综合和工作的巨大能力，提升了写作的水平；塞尔严格的理性思维与博学精神；扎里斯基（Oscar Zariski，1899—1986）的学生在几何与代数上的实用技能；他最优秀的学生德利涅年轻的新鲜活力——都完美地配合了格罗滕迪克大胆的、有远见的和疯狂的雄心勃勃的精神。新成立的IHÉS成了一个年轻的国际天才的集会。围绕着概形这个核心概念，格罗滕迪克的理论最终将几何中每个部

---

[24] Alexander Grothendieck，Sur quelques points d'algèbre homologique，II（Some Aspects of Homological Algebra），Tōhoku Mathematical Journal 9，no. 3（1957）：119–121，doi:10.2748/tmj/1178244774.

分，甚至连最新的诸如代数群[25]的研究也纳入其中。使用了大量的工具——格罗滕迪克拓扑（平展、结晶 ……）、下降（descent）、导出范畴、6 种运算、示性类、单值群等，格罗滕迪克朝着最终证明韦伊猜想的目标，走了一半的路程。1974 年，德利涅给出了该猜想的完整证明，但是到 1970 年，在成为 IHÉS 无可争议的科学主导 12 年后，格罗滕迪克已经失去了他自己的组织中心，并且使事情变得糟糕。直到 1988 年他 60 岁正式退休后，他断断续续地工作，留下了一些意义重大的遗作。

格罗滕迪克留下了三本主要的遗作：《追求堆积》（*À la poursuite des champs*）[26]，写于 1983 年，是一部 600 页的关于多维范畴的见解的专著。组合数学、几何与同调代数以一种令人印象深刻的方式联系在一起。在经过多方面超过 15 年的联合努力之后，关于多维范畴（大体上定义）[27]已经提出了三个（几近等价）定义。它们不仅对于纯粹数学重要，而且这样构造的理论将在理论计算机科学与统计物理等方面有很多潜在的应用。第二本，《一个纲领的概述》[28]，这本书写于 1984 年，是他申请法国国家科研中心职位的一部分。在这本书中，格罗滕迪克概述（这个词是准确的）了刻画代数曲线变形的塔（或乐高积木）的构造。最后一本，《通过伽罗瓦理论的长征》[29]，写于 1981 年，给出了一些在《一个纲领的概述》中隐含的一些构造的部分说明。

这些著作都是手传的，除了《一个纲领的概述》，它最终在一群爱好者的坚持下出版了。令人奇怪的是，格罗滕迪克工作的真正继承者本质上是俄国数学学派的成员（马宁（Yuri Manin, 1937— ），德林费尔德（Vladimir

---

[25]此概念在认识论方面的转变很有特点：对于 1955 年给出此名字的谢瓦莱，它指的是代数簇的概形或骨架，仍然是中心对象。对于格罗滕迪克，概形是焦点，是所有投影与具体化的源头。

[26]数学家 Ronald Brown 在《格罗滕迪克〈追求堆积〉的起源》（The origins of Alexander Grothendieck's 'Pursuing Stacks'）中解释了这本专著复杂的历史。在页面的最底端有链接网站，可以从中下载全部或部分手稿。Brown 也收集了数学家之间关于这本著作的修改以及格罗滕迪克本人及其工作有趣的通信。链接通常是从一些条目中到数学家之间关于格罗滕迪克的讨论，特别是手稿。

[27]挑战是：当我们在特定层面想用公式表示一个等式时，如 $A = B$，我们必须在上面的层面上构造一个新的对象，完成从 A 到 B 的变换。因此，这是一种关系的动态理论。实质上，它类似于罗素（Bertrand Arthur William Russell, 1872—1970）——怀特海（Alfred North Whitehead, 1861—1947）的类型论（theory of type），但附加了几何成分；实际上，格罗滕迪克设想他的堆积为同伦理论（研究几何中的变形）的一般化。他的逻辑与几何的融合，开始形成于堆积与拓扑斯，这是格罗滕迪克打开的最有前途的一扇门。

[28]Alexander Grothendieck, Esquisse d'un programme（Sketch of a Program）, 1984 manuscript, published in later form in Pierre Lochak and Leila Schneps, eds., Geometric Galois Actions: Volume 1. Around Grothendieck's Esquisse d'un Programme, London Mathematical Society Lecture Notes 242（Cambridge: Cambridge University Press, 1997）5–48; English translation 243–283.

[29]Alexander Grothendieck, La longue marche à travers la théorie de Galois: transcription d'un manuscrit inédit, Volume 1（The Long March Through Galois Theory: Transcript of an Unedited Manuscript）, edited and with a foreword by Jean Malgoire（Montpellier: Université Montpellier II, Département des Sciences Mathématiques, 1995）.

Gershonovich Drinfeld, 1954—), Alexander Goncharov (1960—)、孔采维奇 (Maxim Kontsevitch, 1964—), 仅列举一些), 他们与格罗滕迪克几乎没有任何直接接触。然而, 他们继承并知道如何使用来自数学物理的方法, 一个格罗滕迪克无视和憎恨的领域。

3 全部工作的分析

3.1 (代数)几何全集的编辑

格罗滕迪克关于代数几何的工作超过了 1 万页, 整整两个系列。第一个系列的题名为《代数几何原理》(*Éléments de Géométrie Algébrique*, ÉGA), 参考了欧几里得《几何原本》与布尔巴基的系列, 整个由迪厄多内所写, 至今仍未完成; 在最初计划的 13 个部分中, 只有 4 部分完成了。第二个系列的内容更加庞杂, 称为《代数几何论丛》(*Séminaires de Géométrie Algébrique*, SGA) 并由 7 部分组成。它包含了格罗滕迪克从 1960 年到 1969 年在 Bois-Marie (IHÉS 所在地) 开展的所有讨论班。前两个部分由格罗滕迪克所写, 或在他的主导之下, 并且他亲自监督了它们的出版; 至于第三部分, 本质上是由 Pierre Gabriel (1933—) 和 Michel Demazure (1937—) (他的论文就是从这项工作中来的) 所写。之后, 事情变得比较复杂。当格罗滕迪克在 1970 年离开数学界, 他留下了没有完成的事业, 并且工作场所处在杂乱的状态。他留下了难懂的手稿、来自讨论班的油印演讲以及为出版所做的笔记。它们需要被综合并且 (大的) 空白需要被填充; 这是一项规模巨大的任务。伊吕西和德利涅非常忠实并且虔诚地完成了全部工作。考虑到韦伊猜想的重要性, 该系列的中心部分是 SGA 4, 其中展现了最具创新的思想。但是当德利涅在 1974 年宣布韦伊猜想的证明时, 专家们认为他证明的基础不完备。为此德利涅出版了一个附加卷 (连同需要给出的与格罗滕迪克讨论班 SAG 5 上缺少的联系), 它基本上由德利涅所写, 并且还加了一个令人好奇的 SGA $4\frac{1}{2}$。尽管这是在格罗滕迪克离开团队以后发生的事, 但这不是他自己心目中原来的写作计划, 所以他感到自己的计划被打乱了, 他的团队背叛了他。他通过一则有说服力的比喻来描述自己的感觉: 一个建筑队的领头人死了, 建筑队散伙了, 每个人带走了他们自己的图纸和工具。这确实是一个有说服力的比喻, 但却不是事实, 领头人根本不是死了, 他只不过是放弃了他的团队。

格罗滕迪克具有命名事物的兴趣与天赋, 这常作为一个主要的研究策略使用。因此, 本文所用的标题 "只知其名的数学国土", 就是向他使用文字的方式表示敬意。在掌握和攻克这些概念之前, 格罗滕迪克有特殊的天赋来命名它们, 他的许多术语的选择是很有意义的。他寻求思想上的映像来阐明他的科学思想; 这包括完美的大厦 (*la belle demeure parfaite*) 与漂亮的可继承的城堡（*le beau château dont on a hérité*）。他自述为一个建筑者。他以极其出色的法语表达杂耍着这些寓言。这让人吃惊并且印象深刻，因为他的母语是德语，直到母亲去世前他与母亲交流的唯一语言；他的双语能力使他能够洞察德意志的精神。

3.2 重大的问题

正如他具有命名概念并将其符号化的本领一样，格罗滕迪克也能够识别和挑选出他的 12 个追随者，就像他将《收获与播种》分成 12 个主题一样，我只准备对其中的一小部分主题进行评论。大部分的主题是关于格罗滕迪克的伟大工作：代数几何。重大的问题构成重大的谜，这些相对简单的表述并没有提供明显的研究线索。例如费马大定理被错误地认为是一个圣经的简化猜想：如果 a, b, c, n 全是整数，则关系式 $a^n + b^n = c^n$ 不可解，除非 $n = 2$。怀尔斯（Andrew Wiles, 1954— ）和泰勒（Richard Taylor, 1962— ）需要大量和复杂的基于韦伊和格罗滕迪克的方法的基础来完成证明。最有名和最令人困惑的当代问题是黎曼猜想。1930 年，哈塞（继阿廷（Emil Artin, 1898—1962）和施密特（Friedirich Schmidt, 1901—1977）之后）提出一个类似于黎曼猜想的问题，并通过将它转化为一个不等式的形式将其解决。接下来的一步将占用韦伊从 1940 年到 1948 年的时间。当韦伊于 1949 年系统提出他的著名猜想时，他受到了这些思想的指导。

对于格罗滕迪克来说，韦伊猜想本身并不是那么有趣，他只是将它作为其一般理论的试金石。他区分了数学上的建造者和探险者，并立刻将自己视为这两者。格罗滕迪克最喜欢的方法类似于约书亚（Joshua）征服耶利哥城（Jericho）[30)]。一个必须通过削弱它的方式来攻占的地方；在某一个特定点，不必通过战斗就可以使它屈服。格罗滕迪克坚信如果有充分的数学统一理论，如果能够充分地理解概念的本质，那么特殊的问题将不再需要单个解决，只不过是检验而已。

这种思考数学的方式，格罗滕迪克运用起来得心应手，即使有时他的想法使他走得太远，这时他需要迪厄多内和塞尔把他拉回到正确的道路上来。而德利涅牢记他的老师事业成功的每个绝招、每个概念与每种变形。他 1974 年给出的证明，在精确方面是一个奇迹，每一步的衔接都极其自然。而格罗滕迪克的每一个报告都引进一个全新的概念世界，每一个都比前一个更一般。我认为这样的方法上的差异，更确切的是性格的对比，是使他们不和并最终

---

30)译注：约书亚征服耶利哥城是西方家喻户晓的故事。据《旧约圣经》所载，约书亚是以色列人的领袖，带领以色列人离开旷野，进入迦南。而耶利哥是守卫迦南的门户，城墙高厚，是极坚固的堡垒，犹太人无任何能力与技术攻城。犹太人围城行走七日后一起吹号，上帝以神迹震毁城墙，使犹太军轻易攻入，而后能顺利进入迦南。

分离的真正原因。约翰是耶稣喜欢的弟子，他写出了最后的《福音》[31]，与此相似的原因或许促使格罗滕迪克离开了他的团队，孤独出走。

3.3 方法

现在我们到达了格罗滕迪克最一般和统一数学方法的核心。在他引以自豪的 12 个伟大思想中，他将其中 3 个置于其他之上。他以从概形到母题递进的方式提出了它们：

$$概形 \rightarrow 拓扑斯 \rightarrow 母题$$

确实，他的整个科学计划是围绕着一系列递进的一般概念来组织的。我头脑中的景象是一座 1980 年我在越南参观过的佛教寺庙。根据传统，祭坛由一系列上升的台阶组成，在祭坛的顶部放着一个庞大的倾斜的佛像。当我们沿着格罗滕迪克的工作来了解它的发展，我们同样也感觉到我们正逐渐趋向完美。在他的头脑中，最后的阶段是母题，一个他还没有到达的阶段。然而，他已经到达了前两个阶段（概形和拓扑斯）。

4 三部曲

4.1 概形

概形这个术语是由谢瓦莱先引进的，不过那时它的含义比后来格罗滕迪克所给的含义要狭窄得多。在《代数几何基础》(*Foundations of Algebra Geometry*) 中，韦伊将他的老师埃利·嘉当在微分几何（依照高斯和达布 (Jean Darboux, 1842—1917)）中所用的方法引入代数几何。但是韦伊的方法绝不是内蕴的，而谢瓦莱想知道在韦伊的簇的意义下，什么是不变的。在扎里斯基工作的激发下，答案是简单并且漂亮的：一个代数簇的概形是有理函数域中子簇局部环的集合。谢瓦莱没有引入明确的拓扑思想，而与此相反，塞尔在差不多同样的时间，通过运用扎里斯基拓扑和层论来定义他的代数簇。他们两个人的方法都各有优点和缺点：塞尔要有一个代数封闭的基域，而谢瓦莱只能研究不可约簇。在他们两人的理论中，簇的乘积和基变换这两个基本问题只能用间接的方法来处理。相比较而言，谢瓦莱的观点更适合于未来对算术（即数论）的应用，正如永田雅宜在不久后发现的那样。

伽罗瓦 (Évariste Galois, 1811—1832) 当然是第一个注意到方程与其解之间关系的人。人们必须区分代数方程系数所选择的域和寻求解的域。格罗滕迪克从这些思想中提炼出了一种包罗万象的理论，并且将其在本质上奠基

---

[31]这跟德利涅与他的老师格罗滕迪克的关系类似。

于扎里斯基–谢瓦莱–永田雅宜所表述的基本概念之上。就这样，概形成为一种包含方程及其各种变换的全部信息的载体。

格罗滕迪克用以下方法呈现伽罗瓦问题：一个概形是一个绝对的对象 X；对于常量域（或定义域）的选取，都有另一个概形 S 以及从 X 到 S 的一个态射 π_X[32]与之对应。在概形理论中，一个交换环的谱对应于一个概形[33]。而从环 A 到环 B 的同态，反过来也将环 B 的谱映射到环 A 的谱。进一步地，一个域的谱只有唯一的基本点（尽管在这种意义下存在许多不同的点）；因此，包含在万有域中的定义域对应于一个从概形 T 到 S 的态射 π_T。在常量域 S 上，一个方程组的解 X，其值在万有域 T 中，对应于一个从 T 到 X 的态射 φ，使得 π_T 是 φ 和 π_X[34]的合成。

多么简洁啊！现代数学将集合放在首要的地位。一旦我们确认了集合的存在性，以及由此建立的构造，那么每一个数学对象都变成一个集合，或者是它的点的一个集合[35]。变换也基本上是点的变换[36]。在各种形式的几何中（微分几何、度量几何、仿射几何与代数几何），中心对象是簇，它也可认为是点的集合[37]。对于格罗滕迪克来说，概形是内蕴的结构，是产生空间点的母体（matrix）[38]。

在对量子物理中点的作用重新做出基础新评估之后，盖尔范德与格罗滕迪克先后给出了关于点的概念的纯数学的分析。对这项新评估最系统的表述是孔涅（Alain Connes, 1947— ）的非交换几何。这项综合远未完成。在格罗滕迪克–泰希缪勒群[39]与量子场论中的重正规化群之间日益增长的明显的紧密联系，毫无疑问只是第一个作用于物理基本常量的一个对称群的表现，一种无穷伽罗瓦群[40]。格罗滕迪克没有预见到这一发展，由于他对物理的偏见（很大程度上由于他对军事–工业综合体的激烈的反对），或许甚至不欢迎它。在《收获与播种》中的某一个地方，有那么一刻，格罗滕迪克将自己对

---

[32]从一开始，它就以范畴思想为基础：我们定义对象（概形）和变换（态射）的概形范畴，联系两个概形 X 与 Y 的态射 f 可用符号 $f: X \to Y$ 表示。

[33]盖尔范德的基本想法是将赋范交换代数和空间联系起来，格罗滕迪克在泛函分析的第一项研究也追溯到这一时期——1945 年后期，那时盖尔范德的理论呈现了中心地位。术语“谱”直接来源于盖尔范德。

[34]译注：原文误作为 π_T。

[35]这个集合必须结构化，可以通过罗素与怀特海类型论的集合论版本得到。

[36]也就是说，将空间的线和圆考虑成新空间中点的可能性，使将点的变换几何与线和圆合并成为可能。

[37]从变量域的意义上说。

[38]我这里用的“matrix”指的是它的普通意思，而非它的数学意义（矩阵）。

[39]由一个理解格罗滕迪克《一个纲领的概述》最深刻的数学家——Drinfeld 命名。

[40]在 Dirk Kreimer 与孔涅最近的重构中非常显著。

空间问题的研究贡献与爱因斯坦做了比较。他们的贡献确实是同等级别的[41]。爱因斯坦和格罗滕迪克都加深了我们对于空间的一个特别的认识，那就是空间不是一个存放现象的空容器，而是世界生活和宇宙历史的主要参与者。

4.2 拓扑斯

让我们来考虑拓扑斯[42]。与概形不同，拓扑斯产生没有点的几何。实际上，没什么能阻止我们为几何提出一个公理化的框架，在该几何中点、线与面处于相同的基础上。我们已知射影几何的公理系统（伯克霍夫（George Birkhoff, 1884—1944）），其中初始的概念是板（plate，线与面的推广），基本的几何关系是关联。在数学中，我们考虑一类被称为格（lattice）的偏序集；它们中的每一个都对应了一种不同的几何[43]。

在拓扑空间的几何中，开集的格扮演着重要角色，而点的作用则相对次之。然而格罗滕迪克的独创在于重现了黎曼的思想——多值函数实际上不是定义在复平面的开集上，而是展布在整个黎曼面上。这些多层延展的黎曼面互相投影并组成一个范畴的对象。然而一个格是一个特殊的范畴的例子，由于它在两个给定的对象之间最多只有一个变换。格罗滕迪克因此提出用延展开集的范畴来替换开集上的格。当将这种想法应用于代数几何时，它解决了一个基本的困难问题，因为代数函数没有隐函数定理。现在可以将层看成一个开集的格（视为一个范畴）上的特殊函子，并且由此推广到平展层，平展层是平展拓扑中的一个特殊的函子。

在几何构造多种问题的背景下，格罗滕迪克成功地在这一主题上做了很多变化（例如，对于代数曲线的模问题）。他在这方面最大的成功在于概形平展“ℓ-进”上同调理论，这是在攻克韦伊猜想中必需的上同调理论。

但是还存在另一个通向抽象化的步骤。考虑如下进程：

$$\text{概形} \to \text{平展上同调} \to \text{平展层}$$

格罗滕迪克意识到，人们可以直接通向最后一步，概形的所有几何性质都隐藏在平展层的范畴中。这个范畴属于一个特殊类型的范畴，他称之为“拓扑斯”。

这里是最后一部分。格罗滕迪克已经注意到给定空间上的层形成一个范畴，这个范畴基本上与集合范畴有相同的性质。但是哥德尔（Kurt Gödel,

---

[41]也不要忘记爱因斯坦反对军国主义的深切的责任，他的政治路线与格罗滕迪克密切相关。

[42]一些纯粹主义者像古希腊语一样喜欢把 topos（拓扑斯）的复数读作“topoi”。而我追随格罗滕迪克，写成“toposes”。

[43]我们必须保证极大极小元的存在（空集与万有集）以及两个板的交与并。在过去的 20 年中，这种观点已经被新名词“拟阵”或“组合几何”所发展（主要是 Gian-Carlo Rota 与 Henry Crapo 的工作）。

1906—1978）与科恩（Paul Cohen, 1934—2007）已经证明存在多种不等价的集合论模型。因此探索拓扑斯与集合论模型之间可能存在的关系是自然的。格罗滕迪克对逻辑知之甚少，或许他还同对待物理一样看不起逻辑。然而对于其他解决此问题的人（特别是 Jean Bénabou、William Lawvere 与 Myles Tierney）来说：拓扑斯完美地体现了集合论的直觉模型。排中律是无效的，最引人注意的是，这个逻辑模型是由一位著名的拓扑学家——布劳威尔（Luitzen Egbertus Jan Brouwer, 1881—1966）发明的，依后见之明，它产生得非常自然，因为直觉逻辑可以有拓扑上的解释[44]。

4.3　母题

最后是母题。格罗滕迪克向往的景象是一个旋转灯塔，它照亮夜间的岩石海岸线，人们分部分地揭示海岸线。类似地，在我们回到所有这些理论的本源并且建立一个描绘统一景象之前，我们各种已知的上同调理论，其中许多是格罗滕迪克本人发明的。在某种程度上，科学策略与人们在概形世界使用的策略相反。

对于这一主题，格罗滕迪克从来没有发表过任何材料。他仅仅做了一些注记。通过构造一个被称为母题的对象的范畴，沃埃沃德斯基（Vladimir Voevodsky, 1966—2017）对这个领域做出了最重要的贡献。但是在这样一个范畴中，部分对象可以像漫游的基因一样移动。在我看来，这里似乎有一幅类似于基因遗传的图景存在。它需要运用德利涅的权（weight）的定义来加以确认，这个定义在他证明韦伊猜想的时候起到了关键作用。

沃埃沃德斯基创造的工具或许符合格罗滕迪克的预期，但它很难使用。正确的工具应当很容易使用。因此，只有将我们的努力限制在诸如混合霍奇结构（mixed Hodge structures）或混合塔特母题（mixed Tate motives）的对象上，才会取得进展。它们是一些关于基本对称群的表述，就像格罗滕迪克–泰希缪勒群那样。即使在这个小的领域，为了挖掘不可估量的珍宝，人们已经完成了大量的研究工作。格罗滕迪克抱怨所有这些都太经济、太理性；他从自己的视觉高度对这些“商人”大加谴责。但是对我来说，在如格罗滕迪克或朗兰兹（Robert Lanlands, 1936— ）这样有远见的数学大师面前，正确的科学策略在于既要缩小我们的研究专题，小到足够精确，使得我们可以做出进步，但也要充分大以获得有意思的结果。

---

[44]一个命题的双重否定在直觉逻辑中不必等价于它这个事实的拓扑版本。

5 本文作者的分析：宗教的回归

格罗滕迪克最引人注意的，首先是他的苦难经历：承受了离开未完成的工作与被他的合作者与后继者背叛的感觉。在他思路清晰的时候，他说了一些这样的话，“我是唯一有灵感气息的人，我传递给我身边人的不是灵感，而是一项工作。我身边有很多技术人员，但没有一个人真的有灵感!”这段评论深刻且真实，但却没有解释为什么他故意闭上散发气息的嘴。从我们现在了解到的他的生活可知，他遭受了持续的消沉危机。对我来说，似乎科学创造能力是他最好的解药，并且沉浸于一个活跃的科学环境（布尔巴基群体与IHÉS）有利于他的创造。但这里我特别想提及他生活的宗教方面，在这方面他自认为感受深刻且长久。他说他已经有了视觉与听觉方面的幻觉。他在《收获与播种》中表述了这些神圣的幻影，写道他同时以两种嗓音——他自己的和上帝的——唱《福音》。正是在这些幻觉或幻影之后，在没有解释也没有回答的情况下，他散布了一个末世论的公开信息。大部分的困扰是他自己对恶灵的着魔。他正在起草一个报告。

6 没有结论的结论

数学家认为他们自己是最客观的科学家。如果没有失真地交流，必须将数学与数学家分离。数学家必须被允许体面地离开。事实上，这种离开非常有效。

格罗滕迪克代表了一个特殊的例子。他远离尘世，远远超过那些讽刺别人并心不在焉的教授们。即使在其数学活跃时期，他也不是这个家庭中的一名成员。他追求一种独角戏，或者一种数学与上帝的对话，这对他来说是一回事。他的工作是独一无二的，他没有掩饰他的幻想和痴迷，而是愿意游弋其中，甚至滋养它们。他给了我们太多真正意义上的数学作品，同时提供了他所赋予的意义。

格罗滕迪克的一生闪耀着理性精神的光芒，他一直搜寻一个数学国土和她的名字。我相信这个国家叫作 Galicia，这是他父亲的名字。

（原文为法文，本文依英文版翻译而来。一个更早的版本与翻译出现在《亚历山大·格罗滕迪克：一个数学的肖像》[45]。）

编者按：原题名 Alexander Grothendieck: A Country Known Only by

[45] Pierre Cartier, A Country of which Nothing is Known but the Name: Grothendieck and ‘Motives’, in Leila Schneps, ed., Alexander Grothendieck: A Mathematical Portrait（Somerville, MA: International Press, 2014）, 269–288.

Name，载于 *Inference: International Review of Science*，volume 1，issue 1，October 15，2014 (http://inference-review.com/article/a-country-known-only-by-name)；并转载于 *Notices of AMS*，2015，62 (4) : 373–382. 作者用此题名向格罗滕迪克致敬的说明见正文。

在翻译过程中，译者得到了上海师范大学陈跃副教授的帮助，特此感谢。

《代数几何原理》(EGA)及相关的回忆

宫西正宜

译者：薛玉梅

宫西正宜，日本关西学院大学数学教授，研究代数几何与交换环论。

代数几何学的学习开端

任何事情在刚开始时不管是谁都是从模仿他人入手的。比如说，要立志成为一名画家，就先要学习基础技巧，其次才是临摹名画。临摹的过程中，学习大师的作画方法。只有你掌握了作画技巧和熟悉大师作画的每一个步骤，在你脑海中才会自然浮现自己的想法。我想这就是所谓的自我表现吧。数学研究者的成长过程不也是这样的吗？做数学研究，本科期间是掌握技术时期，硕士期间是临摹时期，接着才有在博士课程中开始有了自我见解。

对于《代数几何原理》(*Éléments de Géométrie Algébrique*，缩写为EGA)，如果要从正面评价的话，那是没办法写了。因为单单 EGA 就有 8 卷，再包含与它相关联的 SGA 和 FGA，那么就是相当大的一部著作了。自从 1960 年 EGA 的第一卷问世以来，已经经过 40 年了，把范畴论作为基础的想法给代数几何学还有许多其他数学领域都带来了很大的创新。如果考虑到今后的扩展，现代数学的定位等只好依靠后代的数学研究者了。EGA 也并不是贸然出现的东西，它是在 Weil 和 Zariski 的战后代数几何的重建、冈–Cartan 的层论的开始、Krull-永田的局部环论的基础上提出的。另外，我想，EGA 的出现也正因为有 Cartan，Chevalley，Serre 这些法国学派的环境。故此而言，本文只是表述了作者致力于学习和研究的一个过程而已，意在说明代数几何学以 EGA 为中心构筑的时代离不开数学家们的共同研究。曾经，笔者甚至都被问过“你学过 EGA 吗?”，又由于现在的研究方向看起来与 EGA 越来越疏远的关系，这种感觉越来越强烈了。

接下来请允许我用第一人称来写。我是 1963 年考入京都大学学习硕士课程，那时，到底是选择代数几何专业还是选择代数拓扑专业，我很迷茫。当时，京都大学的教授们即使在正常教学期间也还经常出国访问。后来，在巴黎遇到和我同辈的人，听他说“他自己想成为数学研究者的理由是因为出国容易”，当时能去国外做访问的数学研究者一般都被认为是比较优秀的。因为我的教授经常出国访问，我们学生就只好自学了。当时，都是师兄、师姐们告诉我们，想研究哪方面的领域应该读什么样的书，经常都是通过前辈指导后辈。像比我早学一年的宫田武彦前辈就曾很认真地给过我这样的指示“这本书很好，这篇论文应该读”。除了宫田前辈外，还有小田忠雄前辈也曾教过我应该怎么样学代数几何。他们两个在大学 4 年级时就一起发表了关于代数几何的论文，这使我感到挺自卑的。我就想即使我再怎么学代数几何，也赶不上他们。但即使这样，也不是我想学代数拓扑的理由。由于我的老师永田雅宜教授在我大学 4 年级的上学期时因为出国访问不在校，我就听了菅原正博教授的代数拓扑课程，觉得很有意思。据说到了 4 年级的下学期要调研，阅读外国书籍的研讨课是一门必修课。那时我很贪心地把代数拓扑和代数几何都选了。前者的讨论班上，有小松醇郎、户田宏、菅原正博 3 位老师和 2 个学生，现在想想那时真够奢侈了。我读了好几篇关于 J.-P. Serre 获得菲尔兹奖的工作（例如 [22]）和 Eilenberg-Maclane 等著作的论文。因此经常做同调和上同调的计算，现在想想这对后面的研究有非常大的帮助。那个时候还学了谱序列等。至于后者，因为永田雅宜教授已经回来了，虽然我几乎没怎么学代数几何但还是报名参加了他的讨论班。刚开始，他叫我阅读井草准一的论文 [12]，我是完全看不懂。因此，只好先从代数几何学的初级开始学起，我读了 S. Lang 写的教科书 [13] 。因为已经读过好几遍永田雅宜教授的局部环论的教科书 [20]，所以环论的部分可以理解，但是几何学的部分只停留在皮毛上。

即使升入硕士课程，我还是想同时学习代数拓扑学和代数几何学。代数拓扑学选用 Hirzebruch 写的教科书，代数几何学则在讨论班中学习 Gabriel [7] 的学位论文。之所以被推荐用 Hirzebruch 写的教科书，我想是为了培养我对代数几何学的兴趣。在前半学期，我感到无法同时再学习代数拓扑，所以我请求户田老师把它给停了。对于这个决定，即使现在想起来，还是觉得非常可惜。本来对于代数几何，基础理论知识就应该要自学，进而在讨论班上，学新的知识。正如前面所写的，由于我缺乏代数簇的知识，所以让我稍微先从边缘学科开始入手。Gabriel 的博士论文中含有阿贝尔范畴的当时的最新结果，但由于太抽象，我就闭口不谈了。然而，由于对于概形理论的基础，Grothendieck 的同调代数的论文 [8] 是不可或缺的，因此我学习了它的延伸知识——Gabriel 的博士论文，当然没有白学了。在代数几何学的讨论班上，多亏永田雅宜老师、铃木敏老师、秋叶知温老师、小田忠雄前辈、宫田武彦前辈，他们耐心地给完全不理解的我讲解这些抽象的理论知识。多亏了宫田武彦前辈的建议，才有了我的硕士毕业论文，进而引导出本文的主题 EGA，我真的很感谢宫田武彦前辈。当时的宫田武彦前辈不仅在代数几何学上，而且对其他相关的数学知识的了解都达到令人吃惊的程度、以“这个要读，那个要读”的方式给我推荐了很多文献，这些文献都在我以后的研究中起了很大的作用。

对于代数簇的学习，主要学习了当时 Weil 的 3 部著作 [24, 25, 26]。特别是文献 [26]，在后来被称为 Weil 猜想，它给出了对于定义在有限域上的代数曲线（Weil 猜想是对一般的代数簇）上的 ζ 函数的 Riemann 假设（绝对值的猜想）的情况的肯定回答，这篇论文本身也是绝对不容易读懂的。然而，文献 [24] 是当时代数几何学的标准教科书，要理解 [24] 中的内容也曾是一门必修课程。现在想想我也不知道为什么会这样，但如果不熟悉万有领域（universal domain），那么对于代数闭链的相交理论部分也就没办法理解了。就像对于逻辑性的问题，如果连感觉都找不到，那么无论如何也没办法在他人面前很好地表达出来。读了 Lang 的关于阿贝尔簇的书，感觉很有意思。虽然用到的公式在 Weil 的书中都有，但我还是被阿贝尔簇本身的趣味性迷住。

Weil 的书难在代数簇和可换环论之间的关系，还有两者之间的整合性的问题不好理解。像这样的疑问在我读了 Chevalley 的讲义 [1] 之后，感觉像被融化一样，顿时完全明白了。这个讲义的存在虽然不被人所熟知，但其中对于基础知识的各种关系都写得很清楚。Chevalley 还有别的讲义 [2]。对于概形理论，Chevalley 也很有兴趣，我还记得他每次必出席法国高等科学研究所（简称 IHES）的代数几何学的讨论班。当时 Serre 的论文 [23] 已经是必读的论文之一。其实，那是 1963 年硕士课程之内的。A. Grothendieck 的 EGA 第 1 卷是在 1960 年出版，IHES 刊发的杂志的第 4 卷全部都被利用上。如前所述，为了理解代数簇的概念我曾下过很大的功夫，也费了很多周折，所以读完这本书不难，也没花多少时间。总体而言，我觉得细节部分写得相当的详细，但是我却没有充分吸收其应有的价值。这个在下面的章节会写到。帮助 EGA 写作的 J. Dieudonné 不仅是布尔巴基创设成员之一，他的著作也涉及数学的其他领域，而且他的文字功底相当了得。EGA 诚如在第 1 卷所叙述的那样预定出版到第 13 章，本来其最终目标是想要在一般维的情况下解决 Weil 猜想，但出版到第 4 章就结束了。

当初我在写硕士毕业论文时，不知道要写些什么，最后选择了形式群（formal group）的理论。其原因是看了 Gabriel 的博士论文的最后部分的结果：证明了满足阿贝尔范畴中的特殊条件的范畴与不可换环上的加群的范畴等价，我想可以相应地证明形式群上的范畴与 Witt 环上 Dieudonné 加群的范畴等价。Dieudonné 是形式群研究的创始人，并发表了一系列的形式群论文。其中最初和最后的论文分别是文献 [4] 和 [5]。刚好在那个时候，苏联的 Manin [15] 对关于阿贝尔簇给出的形式群和相应的 Dieudonné 加群发表了划时代的论文。由于等不及英译本出来，我就急急忙忙学了俄语读这篇论文，决定对正特征(positive characteristic)的域上定义的阿贝尔簇 A，给出称为 $\mathrm{Ext}(G_a, A)$ 和 $\mathrm{Ext}(G_m, A)$ 扩张加群的构造，之后得到了(对我来说)有趣的结果。其后才得知 Oort [21] 接纳了更多其他的结果，并使用群概形的理论得出了相同的结果。这时, 我才意识到我低估了概形理论。

在这里，我想写关于法国当时数学界发表结果的做法。我也不知道正确与否，在 Cartan 讨论班，还有 Chevalley 讨论班上都是对相同的论题进行一年以上的研究，然后参加者们确定一个负责人整理报告笔记(Exposé)，并把它收录在讨论班的刊物上。参加者当然不用说，其他的读者也可以通过阅读一系列的 Exposé 来了解理论的概要。尽管与最近在杂志上发表单篇论文的风格不相同，但对于理论部分，只要把握住基本概要，就可发表。我觉得这就是法国的传统风格吧。讲义也像代数讲义或分析课程书本一样被收录着。说句题外话，真希望能再一次认真举办这样的讨论班以及发行这样的刊物。

Grothendieck 洞察到，在 Weil 猜想的证明中必须用到代数簇的合适的上同调理论(也称为 Weil 上同调)，而且即使掌握了含有平展上同调(etale cohomology)的理论，但要展开那个理论，必须把代数簇理论作为概形理论重新构建。那个理论的概要是以布尔巴基讨论班中所讲的内容为中心，总结在 FGA [10] 中。如果把 EGA 的 13 章全部详细地展开的话，应该会是一部巨著。Descente 理论、Hilbert 概形理论、Picard 概形理论等重要理论都没有完全以 EGA 的形式展开过，真是令人感到遗憾。Weil 猜想是在 1974 年被 Grothendieck 的弟子 P. Deligne [3] 解决了。

基于上述那样的研究情况, 我就可以完成我的硕士课程了。在我总结硕士论文之时，松村英之先生腾出很多时间来跟我一起讨论问题。根据我的硕士毕业论文的延伸部分，我们合作了一篇论文，我感到很幸运。

法国高等科学研究所(IHES)和巴黎留学时代

从上节所写的可以知道，由于受到法国数学界的影响，硕士一毕业我就想去巴黎留学。硕士毕业那年的 7 月，我有幸以助手的身份被录用，拥有了轻松的研究环境。虽有点不放心自己能不能做好这份工作，但想出国却是事实。我本想等硕士毕业后再去，因此参加了法国政府的公费留学生考试。本来一个人去巴黎有点胆怯，幸好同年级的解析数学专业的北川桂一郎也一起参加了考试。我们二人都考过了，但由于北川先生生病了，他推迟去法国。没办法了，就问同级的薮田公三是否能一起去法国，他是获得兵库县的奖学金得以去法国留学。1965 年当时正是波音 707 开航不久，去法国的旅费是多少，现在也想不起来了，但如果依靠个人能力的话，那是根本去不了的。还好法国政府给我提供往还的路费，经由阿拉斯加越过北极圈飞行过去。

在法国巴黎 14 区的一处名为大学城（Cité Universitaire）的国际留学生会馆，其中就有日本馆（Maison de Japon），我是在 1965 年 10 月入住这里的。在研究期间法国政府为我提供了足够的学费和生活费。我在法国的指导老师是 Chevalley 教授。Chevalley 教授是位满头白发、不苟言笑、又很严厉的人，但因为他讲课很细心，所以非常受学生们的欢迎。尽管他只是我这个留学生形式意义上的指导老师，但对我想在 *Comptes Rendues*上登载论文等事，都很热心地帮助我。当时的法国大学的组织和现在的不同，硕士以上水准的代数几何学的课，主要在 Poincaré 研究所、法兰西学院（Collège de France）和 IHES 开设。我上的是法兰西学院的 Serre 教授的课和 Grothendieck 在 IHES 主持的代数几何学讨论班。IHES 是从 Cité 乘地铁到 Denfert-Rochereau 车站，再换乘 B 线出了郊外，然后在 Bures-sur-Yvette 车站下车，奥赛（Orsay）校就在车站的附近。当时 IHES 的建筑物是一栋小小的建筑，内有一间讨论班的教室，还有一间小小的图书馆。图书馆不管是谁都可以借书，只要在联络信上写好是谁借的什么书，然后投入到联络箱就可以了。

在这里，有必要对代数几何学的讨论班做一下介绍。在 IHES 举行的 Grothendieck 主持的讨论班被称为 SGA1, SGA2, …… 而且每年都有不同的研究主题。SGA1 是以平展覆盖和代数基本群为研究课题，SGA2 是以局部上同调（cohomologie locale）为研究课题。即便是现在，这些讲义不仅是该领域的重要文献，也是后继发展的宝贵财富。SGA3 也被称为 SGAD，是研究代数群概形理论。SGAD 中的 D 应该是 M. Démazure 的 D。SGA4 也被称为 SGAA，最后的 A 是 M. Artin 的 A。我去 IHES 时，是进入 SGA5，主要讨论了 Riemann-Roch 定理的各种各样扩张理论。我是否真的费了很大的劲读 SGA1 和 SGA2，已经想不起来了。又突然参加了 Riemann-Roch 的讨论班，说真的，我那时没有一次能理解所讨论的内容。加上 Grothendieck 的板书字迹潦草没办法阅读，而且，语速很快的法语对我来说几乎是没办法理解的。在 Riemann-Roch 的讨论班上，必须先理解导数范畴，而我却没有这方面的知识，困惑极了。我还记得把 Catégorie 的发音听成 K-Théorie，一直在想到底是哪一个。而且，P. Gabriel、M. Démazure、J.-L. Verdier 已经离开巴黎去了斯特拉斯堡（Strasbourg）。Grothendieck 的讨论班上也进来了一些年轻成员，有 M. Raynaud、L. Illusie、P. Deligne 等。其中 P. Deligne 是比利时的在籍大学生，并且已经发表了好几篇论文的优秀青年。在 IHES 中，Grothendieck 非常忙，经常和许多访问学者讨论问题。在我记忆中，

Grothendieck 总是围绕着 IHES 的庭院边走边讨论数学，走了都不知有多少遍、多少年头了。当时对于 Grothendieck 来说，数学成就已达到顶点，即使到现在我还能想起好几件事。Grothendieck 在 20 世纪 60 年代初期，在哈佛大学的 Zariski 教授那里讲课，并听说对 D. Mumford 和 M. Artin 等产生影响。当时刚好 R. Hartshorne 在写《留数和对偶性》(*Residue and Duality*)[11]，听说还从 Grothendieck 那里得到理论部分的概要。

数学研究者当中，连概形这样的专业术语都没有使用过的（或意识到的）也大有人在，如果让这些人到 Grothendieck 的书房去看看的话，当他们看到书架上整齐排列着 EGA，甚至还在这些书里都做有笔记，一定会很感动和佩服的。

就如上节所叙述的那样，从 Oort 那里见识过群概形理论的威力，我就想必须从基础开始学习概形的理论。我记得在 IHES 中，讨论班上的人竟毫不吝惜地把在讨论班上记的报告笔记送给我。我拿了好几本讨论班的报告笔记，然后带回到日本馆自己房间里阅读。但是，不管我再怎么努力，我的法语水平还是跟不上讲课的速度，而且讨论班的进度也不断地在增加，所以当时我经常很苦恼：我真的能够学好这法国流派的代数几何学吗？另一方面，自己的研究题目久久不能定下来的事情也成了我的另一个苦恼。

Grothendieck 被起了“和尚”(Bonze Flamand)的外号，诚如其名，头发都剃光光了。他的最初出发点是拓扑向量空间论，这些在巴西圣保罗(San Paulo)大学的讲义都有。在这个领域中，这些工作已经被看作和概形理论中的范畴同样重要的东西了。之后，他转换到 Cartan 讨论的代数几何学专业，完成了上述的概形理论的研究。学习范畴论时，我觉得范畴论就跟社会学似的。对于范畴论，如果不明白一个对象的意思，那么通过与其他对象的态射，它的意思就会自然地浮现出来。代数几何学，只要能使用的工具什么都可以引入，即使在这里我也有这种感觉。另外，无论数学的哪个领域，都是从具体的计算时代一下子转入抽象化时代。Grothendieck 到底是属于哪个时代？但从他的概形理论带给后世的影响来看，说他是抽象化时代也应该可以吧。概形理论为什么是划时代的理论，不同的人有不同的评价，但以我来看，我觉得是因为它证明了代数簇和交换环论本质上是一样的，坐标环里允许有幂零元使相交理论更自然了，把代数簇上的平展拓扑一般化了，以及新的上同调的引入，导数范畴概念的引入，最后在一个新的框架下能够重建 Descente 理论、Picard 概形理论和 Hilbert 概形理论。

法国政府公费留学的第一年结束了，我深深感到我跟不上巴黎的同行们。1966 年的夏天，在斯特拉斯堡，有个代数几何学的讨论班，Gabriel、Démazure、Verdier 等人安排了我也参加这个讨论班。那个时候，我考虑转到斯特拉斯堡，我试探了 Gabriel 的意思，但他反劝我说巴黎会更好些。这个时候，虽然助学金延长到第二年的申请也批下来了，但我意识到有必要再一次从基础学起，于是我下定决心要回日本。回国后，我决定一定要尽快回到巴黎，可是却事与愿违。这是因为关系到我的数学专业的转换，下一节再稍做说明。

说点题外话，当时的 Poincaré 研究所的图书馆非常狭窄，以至于连阅览、复印都不方便。要是想看杂志的话，必须把该杂志的名称写在联络书上并交给图书管理员，而图书管理员则慢条斯理地取来杂志，还问是想要读需要的部分，还是要抄写。不过若是一个月之内，在固定的时间段里出现在图书馆的话，那么就可以取得进入书库的许可，并可在里面自由阅读文献。看杂志是麻烦的，因此在这里阅读的次数就显得比较多了，在日本馆的自己的房间里读不了的书就可在这里阅读。现在，日本的大学图书馆里杂志种类很齐全，还可自由复印，可与以前的巴黎的图书馆相比哪个更好，也不好立即做出判断。

巴黎留学以后

从巴黎回到日本，我就和山田浩、隅広秀康等人一起学习了 SGAA。另外还有 Brauer 群的理论和商概形的构成等，其中特别对于函子的可表性感兴趣并对其做了研究。以这些成果为基础，在 1966 年回到日本的两年后我完成了博士论文 [16]。在论文中我利用其他的群概形理论，给出 Picard 簇的一般化构造。当时我想让 Grothendieck 看看我的论文并给我一些建议，所以把这篇论文的原稿寄给了他。不久之后，我收到一封来自 Grothendieck 的厚厚的信，里边装的是他自己打的原稿，内容是把我的论文里面的构造加以推广。他在百忙之中能抽空为我的论文做修改，我感到特别高兴。在他的信中，令人吃惊的是，由于敲打得太重，把字母 o 的中心部分的纸都打掉了。后来我把这封信的内容作为论文 [17] 发表了。

这之后，我与 Grothendieck 最后一次见面是在 1970 年的夏天，我们在加拿大蒙特利尔大学参加了由北大西洋公约组织（NATO）资助举办的一次关于代数几何学的暑期研讨会。1970 年正是越南战争激烈的时期，听说 Grothendieck 被卷入政治运动事件中。那时在蒙特利尔出现的 Grothendieck，两肋夹着重重的旅行箱，据说里面装的都是书。在暑期研讨会上，从 Grothendieck 的身上已经感觉不到 1965 年时对数学的激情了。

其实，在巴黎的永田雅宜先生已经去了比萨（Pisa）研究所，期间我也去访问他。那时，刚好遇到也在比萨的上林达治先生，还问我有关 Jacobi 猜想的问题。突然离开一直以来都在研究的抽象理论来谈论具体问题，我心里都有点发虚了。我还记得本来跟比萨的 Barsotti 教授约好让他听听我自己的研究结果，可因为跟上林先生的讨论太热烈了，以至于连和教授的约定会面都迟到了。

我渐渐地也变得会用几何学的方法思考从多项式环和交换环观点提出的问题。通过上林先生的尽力帮忙，在 1974—1975 年我在北伊利诺伊州立大学研究学习了一年。期间我和上林对定义在具有正特征的域上的仿射曲线的代数闭包所形成的仿射直线的分类进行了共同研究。由于离芝加哥很近，我每周去一次芝加哥大学参加代数几何学与复数簇的讨论班，研究了关于复数曲面的小平理论。在讨论班上我认识了 R. Narasimhan、P. Murthy、W. Baily、R. Swan、H. Martens、S. Bloch 等人，我被他们那温馨的研究气氛所吸引，连自己的研究主题也变成了含有代数曲面的具体问题。并且，我还被美国的大学和数学所吸引，这也是我和巴黎数学界疏远的另一原因。

如前所述，虽然我是在之后被人问“你有没有学过 EGA?”，但其实在我的内心对 Grothendieck 和 EGA 的学习是持续不断的。最后，我给出我的两本书作为旁证文献 [18, 19]。

参考文献

[1] C. Chevalley, Fondements dela géométrie algébrique, Institut Henri Poincaré, 1957/58.

[2] C. Chevalley, Introduction a la théorie des schémas, Ecole polytechniques, 1964/65.

[3] P. Deligne, La conjecture de Weil. I. Inst. Hautes Etudes Sci. Publ. Math. 43 (1974), 273–307.

[4] J. Dieudonné, Groupes de Lie et hyperalgebres de Lie sur un corps de caractéristique $p > 0$, Comment. Math. Helv. 28 (1954), 87–118.

[5] J. Dieudonné, Lie groups and Lie hyperalgebras over a field of characteristic $p > 0$, VIII, Amer. J. Math. 80 (1958), 740–772.

[6] F. Hirzebruch, Neue topologische Methoden in der algebraischen Geometrie, Erg. d. Math., Springer, 1956.

[7] P. Gabriel, Des Catégories abeliénnes, Bull. Soc. Math. France 90, 1962.

[8] A. Grothendieck, Sur quelques points d'algèbre homologique, Tôhoku Math. J. 9 (1957).

[9] A. Grothedieck et J. Dieudonné, Éléments de Géométrie Algébrique, Publ. Math. I.H.E.S., 4, 8, 11, 17, 20, 24, 28, 32 (1960—).

[10] A. Grothendieck, Fondements de la géométrie algébrique, Secrétariat mathématique, 1962.

[11] R. Hartshorne, Residues and Duality, Lecture Notes in Mathematics 20, Springer, 1966.

[12] J. -I. Igusa, Fiber systems of Jacobian varieties, Amer. J. Math. 78, 171–199.

[13] S. Lang, Introduction to algebraic geometry, Interscience Publ., New York, 1958.

[14] S. Lang, Abelian varieties, Interscience Publ. New York, 1959.

[15] J. I. Manin, Theory of commutative formal groups over a field of positive characteristic, Usprkhi Math. Nauk 18 (1963), 3−90.

[16] M. Miyanishi, On the cohomologies of a commutative affine group schemes, J. Math. Kyoto Univ. 8 (1968), 1−39.

[17] M. Miyanishi, Quelques remarques sur la premiere cohomologie d'un préschema affine en groupes commutatifs, Japanese J. Math. 38 (1969), 51−60.

[18] 永田雅宜, 宫西正宜, 丸山正树, 抽象代数几何学, 共立出版.

[19] 宫西正宜, 代数几何学, 裳华房.

[20] M. Nagata, Local rings, Interscience Publ., New York, 1962.

[21] F. Oort, Commutative group schemes, Lecture Notes in Mathematics 4, Springer, 1966.

[22] J. -P. Serre, Groupes d'homotopie et classes des groupes abéliennes, Ann. of Math. 58 (1963), 258−294.

[23] J. -P. Serre, Faisceaux algeébriques cohérants, Ann. of Math. 61 (1955), 197−278.

[24] A. Weil, Foundations of algebraic geometry, Amer. Math. Soc. Colloq. Publ., 1946.

[25] A. Weil, Variétés abéliennes et courbes algébriques, Hermann, Paris, 1948.

[26] A. Weil, Sur les courbes algébriques et les variétés quis'en deduisent, Hermann, Paris, 1948.

编者按: 原文题目为 EGA とそれをめぐる思い出; 载于数学のたのしみ（日本评论社出版）23 (2001), no. 2, 102−109.

悼格罗滕迪克

丘成桐诗，王元手书

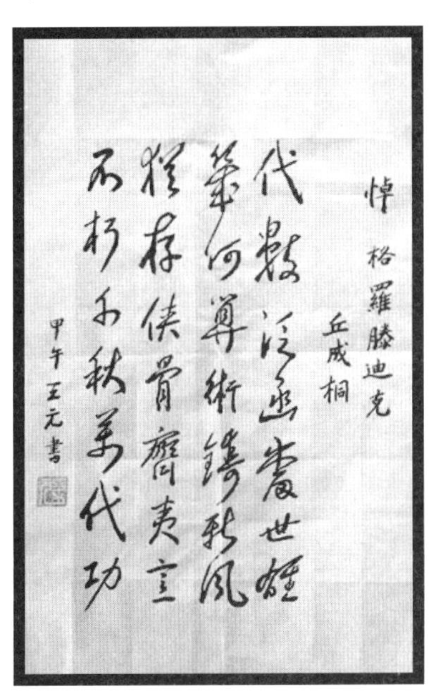

代数泛函当世雄，
几何算术铸新风。
犹存侠骨齐夷意，
不朽千秋万代功。

布尔巴基学派

参与布尔巴基的二十五年（1949—1973）

Armand Borel

译者：黄馨霈

Armand Borel（1923—2003），瑞士数学家，研究代数拓扑、李群理论，在李群、代数群和算术群方面有根本的贡献。

1949—1973 这段期间是根据我自己的布尔巴基（Nicolas Bourbaki）经验所做的选择，大致涵盖我对布尔巴基工作有第一手认识的时期——从开始与多数成员私下接触，成为其中一员的 20 年，直到 50 岁强制退休。

由于这篇文章大多根据个人的记忆，叙述上坦白讲是主观的。当然，我曾将自己的记忆和现有史料比对，但后者某方面来说很有限：关于布尔巴基的定位和总体目标的讨论不多[1]，其他成员可能也会有不一样的看法。

为了整体的脉络，我先简要地陈述布尔巴基的前 15 年，这 15 年在文献上有详实的记载[2]，我就长话短说。

本文所考虑的法国大学和研究所的数学，在 20 世纪 30 年代初情况极为糟糕。第一次世界大战基本上消灭了整个世代，年轻世代的数学家必须仰赖前辈指引，包括非常注重分析的被称作 1900 学派里的主要知名人物。那时一些年轻法国数学家（J. Herbrand，C. Chevalley，A. Weil，J. Leray）参访德国的研究中心[3]后发现，关于国外当前的发展，特别是正蓬勃兴起的德国学派（哥廷根、汉堡及柏林学派），能取得的信息很少。

1934 年 A. Weil 和 H. Cartan 在斯特拉斯堡大学（University of Strasbourg）担任助理教授，主要的职责之一当然是教授微分和积分学。当时标准的授课用书是 E. Goursat 的 *Traité d' Analyse*，但他们觉得在很多方面不太够用，Cartan 常缠着 Weil 讨论如何呈现教材。为了一劳永逸、解决所有问

---

[1]布尔巴基在巴黎 École Normale Supérieure 的档案包括了报告、总览、各个章节从起草到定稿逐次的草稿或与之相左的草稿、针对讨论结果的评论以及被称作“Tribus”的大会纪录。这些主要记录了未来稿件的规划、决定、承诺，还有笑话，有时还有诗篇。

[2]见 [2，3，6，7，8，14]。

[3]这方面可参阅 [8, pp. 134–136]。

题，有一次 Weil 提议不如自己来写新的 *Traité d'Analyse*。这个提议一传开，很快便有十来位数学家固定见面筹划新书。不久便决定这本书不彰显个人的贡献，将是集体著作。1935 年夏，布尔巴基被选为共同作者的笔名[4]。

几年来小组成员迭有变动，有些最早加入的很快就退出，又有新的成员加入。后来对于成员的加入及退休有一套固定的程序，就不在此细述。让我只提一下最初形塑布尔巴基，并且投入大量时间心力直到退休的真正“创始元老”：

Henri Cartan
Claude Chevalley
Jean Delsarte
Jean Dieudonné
André Weil

他们先前都是巴黎高等师范学校（École Normale Supérieure）的学生，分别生于 1904 年、1909 年、1903 年、1906 年和 1906 年[5]。

如何处理参考的背景数据是第一个待解决的问题，大多现存的书籍都无法尽如人意，即便是 B. v. d. Waerden 令人耳目一新的 *Moderne Algebra*，也没有完全切中需求（以德文书写也是一个原因）。此外，他们想采用更精确严谨的风格，舍弃法国传统沿用的方式论述，于是决定从零开始，多次讨论后，将这个基础教材分成六“册”，每一册可能还分成好几卷，也就是：

第一册　集合论（*Set Theory*）

第二册　代数（*Algebra*）

第三册　拓扑学（*Topology*）

第四册　单实变函数（*Functions of One Real Variable*）

第五册　拓扑向量空间（*Topological Vector Spaces*）

第六册　积分（*Integration*）

这些书将依照顺序排列，书中引用的参考数据只能是此书前面提到的内容，或是排序在前的书中内容。1938 年“数学原本”（Éléments de Mathématique）被选为书名，值得一提的是，书名中用的是“Mathématique”而不是常见的“Mathématiques”，少了“s”当然是刻意的，用来标志布尔巴基一以贯之的

[4]名称的由来参见 [3]。

[5]他们都有实质的贡献，我得以亲眼见证 Cartan，Chevalley，Dieudonné 和 Weil 的付出，Delsarte 在我加入时已经不那么活跃，不过 Weil 一再在言谈中强调他的重要性，参见 [14] 以及 Cartan，Dieudonné，Schwartz 的评论 [3, pp. 81–83]。特别在凝聚及维系这样一群个性强、颇有脾气的人所组成的团体上，Delsarte 扮演了重要的角色。此外，第四册单实变函数显然大部分出自于他。早期的其他成员，特别是 Szolem Mandelbrojt 和 René de Possel，在小组最初的工作上也贡献良多。

数学理念。

第一卷是 1939 年出版的 *Fascicle of Results on Set Theory*，40 年代则出版了《拓扑学》和三卷《代数》。

那时我是苏黎世联邦理工学院（E.T.H.）的学生，后来成为助理，我读布尔巴基的书，从中学习，特别是 *Multilinear Algebra*，当时没有其他书可与之比拟，虽然有些地方不尽如人意。书中枯燥、完全不考虑读者的行文风格，力求涵盖最一般的情形，毫无弹性只引用内部数据（除了历史注记之外）完全没有外部数据的参考制度，让我颇受其苦。对许多人来说，该书的论述风格代表数学趋于为求广义而广义，远离特定问题倾向的示警。H. Weyl 是持这种看法的人之一，他的老朋友也是前同事 M. Plancherel 也有同感，当时我担任 Plancherel 的助理，间接知道 Weyl 的看法。

1949 年秋，受益于苏黎世联邦理工学院和法国国家科研中心刚缔结的交换协议，我获得法国国家科研中心（Centre National de la Recherche Scientifique，C.N.R.S.）的资助到巴黎，很快就认识布尔巴基的一些资深成员（H. Cartan，J. Dieudonné and L. Schwartz），更受益于和年轻一辈私底下的交流，特别是 Roger Godement，Pierre Samuel 以及 Jacques Dixmier，最重要的还有 Jean-Pierre Serre，开始了我和他对数学深入的讨论和亲密的友谊。当然我也参加布尔巴基每年三次的研讨会，每次都有六场针对新近数学发展的专题演讲。

第一次的接触很快就让我对布尔巴基改观。所有人都有开阔的眼界，资深的当然见多识广，年轻的也不遑多让。他们知道的既深又广，共同以一种有效率的方式吸收数学，抓住重点，而且以更容易理解、概念化的方式重塑数学。即便讨论的是我比他们还熟悉的题目，他们犀利的提问，常让我觉得自己的思考仍不够透彻。这样的方式在布尔巴基一些研讨会的演讲中也很常见，像 Weil 对 θ 函数的演讲（Exp.16，1949）或 Schwartz 对 Kodaira 在数学年刊调和积分的论文所做的演讲（Exp.26，1950），都是如此。当然，他们不会忽略特殊的问题，事实上大部分的讨论以这些问题为基本核心。不过写书显然又另当别论。

不久我受邀参加布尔巴基大会（的某些会议），整个人陷入一团混乱中。这是为了出书私下进行的事务（每年固定三次：其中两次为期一周，另一次约两周），通常讨论一些章节的草稿，或者针对那时或后来考虑收入书中主题所做的初步报告。内容由一位成员逐行大声念出，每个人都可以在任何时间点打岔、评论、提问或批评。“讨论”往往变成一场叫嚣的混战。Dieudonné 声音洪亮，偏好明确的论点和极端的看法，我注意到他参与任何谈话都会不自觉地提高音量。但我还没有对当晚的所见所闻做好准备，“高分贝的长篇大论此起彼伏，仿佛各说各话”是我第一晚参加会议归结出的印象，跟 Dieudonné 在 [8] 的评论所见略同：

> 某些受邀旁观布尔巴基会议的外国人得出的印象往往是，这是群疯子的聚会。他们无法想象这些人，有时三到四个声音同时叫嚣，能得出什么高明的见解……

直到约莫十年前，我读了 1961 年 Weil 关于数学领域里组织与颠覆组织的讲稿后，才了解这样混乱的场面，撇开大呼小叫，其实有其用意。以下节录部分 Weil 谈到布尔巴基说的话（意译）：

> ……我们的讨论保持一种刻意为之的失序。小组会议中从来没有主席，每个人都可以畅所欲言，都有权利打断别人……
>
> 这种混乱无章的讨论方式随着布尔巴基的存在延续下去……
>
> 在好的组织中，每个人理当会分派到一个主题或章节，但我们从来没有想过要这么做……
>
> 从这样的经验具体学到的是，在组织之下所做的任何努力，会使得编出来的书最终与其他的书没有什么两样。

显然其中蕴含的想法真的很新潮，比起中规中矩地讨论，互相挑战质疑更能激荡出开创性的想法。当这些想法凝聚，布尔巴基的成员会说：“我的精神来了!”（l’esprit a soufflé）这是真的，“活力迸发”（或者应该说火力四射）的讨论后，情绪的确会比安静讨论后高昂。

其他的运作规则似乎降低在有限时间内出书的可能性：

每次只读一篇草稿，每个人都被要求参与每件事情，一章可能要六易其稿，甚至更多。初稿由专家执笔，但任何人都可能被要求接手后来的草稿，付出和报酬几乎不成正比。布尔巴基可以随时改变心意，一篇草稿可能被撕成碎片，由新的提案取代。依据提案写出来的下个版本，不见得比较好，布尔巴基可能选择别的方式，甚或决定上个版本才比较好，等等，有时演变成前后两篇周期性的轮换。

为了不要让事情进展得那么快（至少看来如此），不采用多数表决来决定是否出版：所有的决定都需要全体一致同意，每个人都有否决权。

然而，尽管有这些阻碍，布尔巴基的书仍持续出版。为何这样烦琐没效率的过程能达成目标，就连创始成员都感到不可思议（见 [6, 8]）。我不会假装自己能完全解释这个现象，但我仍想大胆给出两个原因。

第一个是成员坚定的承诺，对于这项艰巨计划的价值抱有强烈的信念，无论目标看来多么遥远，都愿意付出许多时间和心力。一般举行大会的日子有三场会议，长达 7 小时艰难、时而紧绷的讨论，相当累人! 再加上写稿，有时稿子很长，需要好几周，每周花上许多时间甚至几个月才能完成，这些稿子如果没被退件，就得面对严峻的批评，或是读了几页当场被拒，或搁置一旁(“放入冰箱”)。很多稿子即便读时大家有兴趣，却没有出版。就拿我参加的第二场会议的重头戏为例，Weil 有篇超过 260 页关于流形及 Lie 群的稿子，题为“Brouillon de calcul infinitésimal”，以“nearby points”的概念为基础，推广 Ehresmann 的 jets。其后 Godement 以 150 页的文章对此加以详述，不过布尔巴基从未出版任何关于 nearby points 的文章。

另一方面，接受的稿件都经过整合，完全不提作者是谁。总之，这是真正无私、匿名又繁重的工作，基于对数学和谐与极致简洁的信念，一群人致力于以最好的方式来呈现、说明基础数学。

第二个原因是 Dieudonné 超人的效率。我没有计算页数，但可以想见他写的比其他任意两位或三位成员加起来还多。约有二十五年的时间，他的一日之计从为布尔巴基写几页稿子开始(可能在弹了一小时钢琴之后)。更值得一提的是，他在身为成员期间甚至其后，除了自身的工作外，还负责稿件的定稿、习题，以及这段期间所有书籍(约三十卷)的出版工作。

毋庸置疑，很大程度上这成就了整套书籍风格的统一，不致突显任何个人的贡献。但这不完全是 Dieudonné 的风格，而是他为布尔巴基所采用的风格，也不是其他成员的个人风格，除了 Chevalley 以外，但即便是布尔巴基，他的风格有时也显得过于艰涩，他的稿子往往因为“太过抽象”而遭拒。Weil 对 Chevalley [12, p. 397] 的一本书有如下的评语:“非常不人性化的书……”，这也是许多人对布尔巴基的评语。另一个使这些书难以亲近、对读者非常不友善[6)]的原因，正是最后定稿的过程。有时初稿有能帮助读者理解、颇具启发性的论点，但在大家一起读稿的时候，这个版本或后来的版本，会被挑剔里头的用字含糊、模棱两可，无法用三言两语精确表达，这类文章几乎无一幸免遭到舍弃。

附带效益是，布尔巴基的内部活动是绝佳的教育，是独特的训练平台，显然是理解上深度和敏锐度的主要来源，使我初次和布尔巴基成员讨论时为之震慑。

对所有主题都感兴趣的要求，的确拓展了成员的视野。也许对 Weil 影响不大，大家普遍认为 Weil 几乎是从一开始就对整个计划成竹在胸，Chevalley

---

6) 奥地利美国数学家 E. Artin 在他对《代数》的书评中，称它“抽象，抽象到不近情理”，却又补充:“读者若能克服最初的困难，他的努力将因为对内涵更深入、更全面的理解而得到丰硕的回报。”

也是，不过大多数其他成员就如 Cartan [7, p.xix] 所说：

> 基于共同对完美的要求，和不同特质、个性鲜明的人一同工作，使我获益良多，很感谢这些朋友丰富了我的数学涵养[7)]。

Dieudonné [8, pp. 143–144] 也说：

> 以我自身的经验，如果不是甘愿负起为这些我完全不懂的问题写草稿的责任，而且设法克服困难，我相信自己在数学上永远无法达到现有的四分之一，甚至是十分之一的成绩。

但是成员的教育并不是布尔巴基本身的目的，而是为了实践布尔巴基的一条座右铭："由非专家主导专家"。与我早先在苏黎世的印象相反，而与之前提到的有关，这套书的目的不在涵盖最广义的内容，而在达到最有效率，最能满足不同领域读者的需求。那些看来主要在取悦专家的精炼定理，若无法大幅提升应用层面，常遭舍弃。当然，后来的发展可能显示，布尔巴基并没有做出最好的抉择[8)]，但却是个指导原则。

此外，小组会议之外有许多关于个人研究或现今发展的讨论。整体而言，布尔巴基象征着大量的尖端知识自由交换。

显然，对布尔巴基而言，当前的研究和"数学原本"的著述几乎是没有交集的两码事。当然，后者为前者提供基础，其教条式的风格从一般领域拓展到专业领域，最能符合这样的目的（见 [5]）。但是"数学原本"并非用来刺激研究、给予建议或作为研究蓝图（如同 [8, p. 144] 强调的）。有时我不禁想，是否该加个警语在"使用手册"（Mode d'emploi）里。

所有的努力都开花结果，20 世纪 50 年代布尔巴基借由出书及成员的研究扩展了影响力。记得特别是当时所谓的法国大爆发，在代数拓扑（algebraic topology）、解析几何（analytic geometry）的 coherent sheaves、$\mathbb{C}$ 上的代数几何和后来推广到抽象的情形，及同调代数的发展，虽然大多与代数相关，但经由 Schwartz 的分配理论（theory of distributions）以及他的学生 B. Malgrange 和 J.-L. Lions 在 PDE 的工作，也触及分析。1955 年初，A. Weinstein 这位"硬功夫的分析学家"（hard analyst）告诉我，他很放心，他的研究领域不会受到布尔巴基的波及。但不到两年，他就邀请 Malgrange 和 Lions 到他在马里兰大学（University of Maryland）的研究所访问。

[7)]原文如下：Ce travail en commun avec des hommes de caractères très divers，à la forte personnalité，mus par une commune exigence de perfection，m'a beaucoup appris，et je dois à ces amis une grande partie de ma culture mathématique.

[8)]举例来说，《积分》中对局部紧致空间的强调，P. Halmos 在评论时相当不以为然 [11]，书中确实没有注意到概率论的需要，这使得《积分》又加了一章（第九章）。

我丝毫无意主张所有的这些发展都归功于布尔巴基。毕竟拓扑学的重大进展可追溯自 Leray 的工作，R. Thom 是主要的贡献者。此外，K. Kodaira、D. Spencer 和 F. Hirzebruch 在层理论应用到复代数几何上，早就有决定性的地位。然而，不可否认，布尔巴基的观点和方法扮演了主要角色。这点很早就获得 H. Weyl 的认可，尽管他对布尔巴基有前面提到的批评。R. Bott 曾告诉我，1949 年他听闻 H. Weyl 对布尔巴基的一些负面评论(与我知道的类似)，1952 年 H. Weyl 却跟他说:“我收回那些话!”不过其他人主张(像 1952 年 W. Hurewicz 在言谈中说的)，能有这些发展是因为参与的是杰出的数学家，与布尔巴基无关。当然，这么说没错，不过布尔巴基显然影响了我这一代的许多人在数学上的工作和观点。对我们来说，H. Cartan 是最显著的例子，几乎是布尔巴基的代表人物。肩负巴黎高等师范学校(École Normale Supérieure)行政与教学的许多职责，他的多产令人惊叹，所有的著作(在拓扑学、多复变量、Eilenberg-MacLane 空间，先前在位势论(和 J. Deny)或局部紧致交换群的调和分析(与 R. Godement)方面)，似乎都没有新颖或开创性的想法，而是用布尔巴基地道的方式，以一连串自然的引理组成，大定理一下子便呼之欲出。一次，我评论 Cartan 的工作，一旁的 Serre 说:“喔，在布尔巴基里滚打了二十年，就是这样!”Serre 当然知道其中不止于此，不过他的评论适切表达了我们对 Cartan 体现布尔巴基方法的看法，以及布尔巴基方法带来的丰硕成果。那时，Cartan 的影响力通过研讨会、论文及教学远播。R. Bott 在向 Cartan 七十岁生日致敬的研讨会上，谈到他的世代，这么说:“他一直都是我们的老师!”

20 世纪 50 年代也出现了一位对于最有力、最普遍及最基础之探求，比布尔巴基还要布尔巴基的人物——Alexander Grothendieck。1949 年起，他的研究兴趣最早在泛函分析(functional analysis)，很快便彻底解决了 Dieudonné 和 Schwartz 给他的拓扑向量空间的许多问题，进而建立起一个影响深远的理论。之后他把注意力放在代数拓扑、解析及代数几何，很快便得出 Riemann-Roch 定理一个出人意表的版本，光是完全以函子(functorial)的思维方式来表述，就让他人望尘莫及。这个重大成果开启了他在代数几何的基础工作。

50 年代在外界看来是布尔巴基极为成功的时代，然而，内部却面临众多困境，濒临危机。

布尔巴基的影响当然引发了一些怨言。一大部分的数学主要经由(当时)相当复杂、本质上是代数的方法，得以推进并且统一。巴黎的讲者就属 Cartan 和 Serre 最成功，追随者众。当时数学界的风气对于具有不同性格或采取不同方法的数学家不利，真的很可惜，不过这不能归咎布尔巴基的成员，他们并没有强迫任何人一定要用他们的方式做研究[9]。

我想讨论的困境有不同的内在本质，部分由于布尔巴基空前的成功，又与“第二部分”，即前六卷以后的专著息息相关。50 年代这些书已大致完成，大家都有今后布尔巴基把主力放在后续著述的共识，其实布尔巴基很早就有这样的想法（毕竟 *Traité d'Analyse*还没有出版）。1940 年 9 月，Dieudonné 已经替 27 本书拟好一份洋洋洒洒的计划，囊括了大部分的数学。布尔巴基的会议固定以讨论比较浅显，但还是超出“数学原本”程度的稿件作结，这些通常也出自 Dieudonné 之手。此外，许多关于后续章节的报告和草案也已经写好。然而数学已大幅进展，数学领域已经历了重大转变，部分还是因为受到布尔巴基工作的影响，显然我们已无法沿袭旧有的模式。虽然不是有意如此，但创始成员对于基本决策通常有较大的影响，不过他们现在要退休[10]，主要职责转交到年轻成员手中，有些基本原则必须重新检视。

举例来说，其中一个需要重新检视的是线性的出书次序及参考体系。我们针对的是比较特别的主题，严格遵守出书次序可能会对某些卷的撰写造成不必要的拖延。而且当初采用这样的援引方式时，的确没有多少适当的参考数据。但布尔巴基已蔚然成风，有些新书的风格与布尔巴基相当接近，一些成员也出版了其他书籍，忽视这些书可能导致内容重复、白费心力。若正视问题，要如何将其纳入考虑而不破坏作品的自主性? 另一个传统的基本教条是，每个人都应该对所有的事情感兴趣，遵守这个规范固然有其价值，“数学原本”由基础数学组成，是多数数学家信仰的一部分，遵守起来相对容易。不过要处理与新领域较相关且更专门的主题时，这个教条可能较难履行。布尔巴基一直都在酝酿把主要出书职责分割、委托给一小部分成员的想法，但不会轻易实行。这些问题和其他种种问题引发一阵子的讨论，却无定论，问题总比答案来得多。简言之，最后出现两种倾向、两种做法：一种（我称之为理想的）是延续布尔巴基的传统，建构起本身广阔的数学根基；另一个较为务实的，是着手我们自认能够处理的主题，即便这个主题所需的基础还没有完全建构到包罗最广的理想程度。

为了不流于空泛，我想借一个例子说明这个两难。

---

[9]关于这一点，我想指出参考资料 [9] 的副标题 Le choix bourbachique，极易引起误解。布尔巴基的成员在研讨会上做了多场演讲，对于讲题的选择有诸多建议，所以多数的讲题至少有一些成员感兴趣，是公正的说法，但许多同样有趣的主题最后遭舍弃，只是因为找不到合适的讲者。研讨会绝不能视为布尔巴基针对感兴趣的所有近期数学研究，共同整理发表的全面性报告或研究点评。那只是 Dieudonné 自己的结论，他在前言（p.xi）中对此谈了很多，似乎值得再提。当然，就像大多数的数学家一样，布尔巴基的成员有强烈的喜恶，却从没想过要将他们的观点树立成布尔巴基整体的绝对论点。即使是对数学本质一致的强烈信念，布尔巴基也偏好以身体力行来展现。

[10]早期一致同意（最晚的）退休年龄是 50 岁，但到了 1953 年有人适用时却鲜少提及。直到 1956 年，Weil 写了封信给布尔巴基宣告退休，从那时开始这项规定才被严格遵守。

层理论的初稿在某个时候写了出来，用来补充代数拓扑、纤维束(fibre bundles)、微分流形(differential manifolds)、分析及代数几何的基本背景教材，却遭到 Grothendieck 反对[11]：我们要更有系统，先为这个主题本身建立基础。他建议出版以下两本书：

第七册　同调代数(*Homological Algebra*)

第八册　基础拓扑(*Elementary Topology*)

第八册暂时再分为：

第一章　拓扑范畴(Topological categories)，局部范畴(local categories)，局部范畴的黏合(gluing of local categories)，层(sheaves)

第二章　系数在层里的 H^1

第三章　H^n 与谱序列

第四章　覆盖

接续为：

第九册　流形(*Manifolds*)

已被规划。

同时他为层的那一章加上一个颇为详尽的计划，这方面我将不细谈。

这十分符合布尔巴基的精神，反对它有点像和母亲唱反调，所以需要举行一场公听会。Grothendieck 不失时机，在约三个月后举行的下次会议中提出两篇草稿：

第零章　流形的预备知识。流形的范畴，98 页。

第一章　可微流形(Differentiable manifolds)，微分形式(The differential formalism)，164 页。

他还警告我们将需要更多代数的内容，如超代数。Grothendieck 的论文常是如此，有些地方广义到令读者气馁，有些则富有见地和想法。但如果我们照着走，显然会身陷基础的泥淖好几年，结果却很不明确。在这样开阔的构想中，他的计划旨在提供基础，不只为了现有的数学，“数学原本”就是个例子；也为数学将来足以预见的发展提供基础。如果“第零章”意有所指，让人不免担心编号可能朝两头发展，将来或许需要第负一章、第负二章等来为基础打好基础。

另一方面许多成员认为，我们或许能在有限时间内达成更实际的目标，这些目标可能没那么根本，但仍有其价值。他们觉得许多领域(代数拓扑、流形、李群、微分几何、分布、交换代数、代数数论等)，以布尔巴基的方式可能可以阐述得很好，不需要那么多根本的基础作为预备知识。

---

[11]在 1957 年 3 月的会议上，这场会议后来被称作“Congress of the inflexible functor”。

理想的解决方式是双管齐下，不过显然超出我们的能力范围。决定终究得做，但要哪一个？这个问题搁置了一段时间，近似停滞。一年后总算想出一个办法：也就是，无论如何为了我们心中的主要主题，写一小册微分及解析流形的结果，就能避开（至少暂时避开）基础的问题。毕竟就流形来说，我们知道需要哪一类的基础教材。写出需要的教材并且加以证明是极为可行的（确实也很快就达成了）。

这个决定清除了一个绊脚石，我们得以规划一系列的书，基本上希望能包括交换代数、代数几何、李群、大域分析与泛函分析、代数数论及自守形式。

这仍旧是个野心太大的计划。不过，为数不少的书在接下来约十五年间陆续出版：

交换代数（*Commutative Algebra*）（九章）

李群及李代数（*Lie Groups and Lie Algebras*）（九章）

谱论（*Spectral Theory*）（两章）

此外还有其他主题的初稿。

1958 年我们还做了一个决定，原则上解决了困扰我们许久的问题："数学原本"的补遗。在写新章节时，我们不时发现前六卷中，某卷的内容需要补充，该如何处理？如果一卷已经绝版，补充内容就可以放在修正版本中；若尚未绝版，可想而知就会在新的章节加上一个附录。但是这样一来势必造成参考文献的混乱。1958 年我们决定修订"数学原本"，出版一个"最终"版本，至少在十五年内可以不必再改来改去。可惜，这件事花的时间和心力比预期来得多。事实上到现在都还不完备，（我觉得）这个版本拖延了专著比较创新部分的进展，但这么做确实合乎布尔巴基的逻辑，几乎不能避免。

上面列出的三本书中，《交换代数》显然在布尔巴基的范畴内，能够独立进行，解决我们面临的两难，实际上也做到了。但《李群及李代数》那本书的重要预备知识是流形那本小册子里的结果，该书也显示用较务实的方式能导引出有用的成果。在第四、五、六章中，有一个关于反射群（reflection groups）和根系（root systems）很好的例子。

这本书以一份约 70 页、关于根系的草稿作为开头，作者对于向布尔巴基提出这样一个技术性又专门的主题，几乎是满怀抱歉，不过他表示之后的许多应用将会证明这是值得介绍的主题。接下来 130 页左右的草稿交上来时，一位成员批评这没什么不好，不过布尔巴基真的花太多时间在这类次要的主题上，其他人对此也不置一词。结果呢，众所皆知：288 页，布尔巴基最畅销的书之一。它是真正众志成城之作，约有七人积极参与其中，任谁都无法独力完成。布尔巴基已发展出一个强而有力的方式，促成有相关研究兴趣的专家学者，以不同的角度切入一个给定的主题，共同著述。我的感受（非全体一致的感受）是，若不是没有结论的讨论和争议，及难以定出确切活动计划的模式，让布尔巴基失去了至今尚未完全恢复的原动力，我们原先可能可以出版更多那类的书籍。布尔巴基的档案库里，确实有为数庞大尚未使用的资料。

这个方式比起 Grothendieck 的计划，企图心来得小。如果我们完全朝那个方向走，后者能否成功？在我看来似乎不大可能，但不排除这样的可能性。数学看来没有朝那个方向发展，实施该计划可能会影响它的路径，谁知道？

当然，布尔巴基显然还没有实现它所有的梦想或达到所有的目标。我认为借由涵养数学与数学本质基本一致的整体视野，借由论述的风格与符号的选择，布尔巴基所做的已足以对数学产生长远的影响。但身为有关当事人，我不该论断。

多年来不同个性的数学家为了共同目标无私合作，在我心底留下最鲜明的记忆。这是非常独一无二的经验，或许也是数学史上独一无二的一页。对于基本的承诺和义务理所当然的承担，甚至不假言说，这个事实在事情逐渐淡出岁月之际，越发让我惊讶，仿佛不是真的。

参考文献

[1] E. Artin, Review of Algebra（I–VII）by N. Bourbaki. *Bull. Amer. Math. Soc.*, **59**, 474–479, 1953.

[2] L. Baulieu, A Parisian café and ten proto-Bourbaki meetings （1934—35）, *Math. Intelligencer*, **15**, 27–35, 1993.

[3] L. Baulieu, *Bourbaki: Une histoire du groupe de mathématiciens français et de ses travaux*, Thèse. Université de Montréal, 1989.

[4] R. Bott, On characteristic classes in the framework of Gelfand–Fuks cohomology, *Colloque Analyse et Topologie en L'honneur de H. Cartan*, Astérisque **32–33**, 113–139, 1976; Collected papers vol.3, Birkhäuser, 492–558, 1995.

[5] N. Bourbaki, L'architecture des mathématiques, Les Grands Courants de la Pensée Mathématique （F. Le Lionnais, ed.）, Cahiers du Sud （1948）; English trans., *Amer. Math. Monthly*, **57**, 221–232, 1950.

[6] H. Cartan, Nicolas Bourbaki and contemporary mathematics, *Math. Intelligencer*, **2**, 175–180, 1979–1980.

[7] H. Cartan, *Oeuvres*, Vol. 1, Springer, 1979.

[8] J. Dieudonné, The work of Nicholas Bourbaki, *Amer. Math. Monthly*, **77**, 134–145, 1970.

[9] J. Dieudonné, *Panorama des mathématiques pures*, Le choix bourbachique, Bordas, Paris, 1977.

[10] D. Guedj, Nicholas Bourbaki, collective mathematician: An interview with Claude Chevalley, *Math. Intelligencer*, **7**, 18–22, 1985.

[11] P. Halmos, Review of Integration （I–IV）by Bourbaki, *Bull. Amer. Math. Soc.*, **59**, 249–255, 1963.

[12] A. Weil, Review of "Introduction to the theory of algebraic functions of one variable by C. Chevalley", *Bull. Amer. Math. Soc.*, **57**, 384–398, 1951; Oeuvres Scientifiques II, Springer, 2–16, 1979.

[13] A. Weil, Organisation et désorganisation en mathématique, *Bull. Soc. Franco-Japonaise des Sci.*, **3**, 23–35, 1961; Oeuvres Scientifiques II, Springer, 465–469, 1979.

[14] A. Weil, Notice biographique de J. Delsarte, Oeuvres de Delsarte I, C.N.R.S., Paris, 17–28, 1971; Oeuvres Scientifiques III, Springer, 217–228, 1980.

编者按：本文是作者 1995 年 10 月于德国波鸿大学参加纪念 R. Remmert 的研讨会，以及 1996 年 9 月于意大利第里雅斯特国际理论物理中心演讲的衍伸。

本文原文 Twenty-Five Years with Bourbaki，1949—1973 原载 Notices of the AMS，373–379，March（1998）. 著作权归 Armand Borel 所有，得到作者家人及 AMS 同意翻译及刊载，谨此致谢。——《数学传播》编辑室

译文转载自《数学传播》40 卷 3 期（2016 年 9 月），28–38 页。

布尔巴基在 20 世纪数学中的作用

——P. Cartier 访谈

高桥礼司，梅村浩

译者：吴帆

P. Cartier，生于 1932 年，法国数学家，研究方向为代数几何学、表示论等。

采访说明 布尔巴基主要成员之一，IHES 名誉教授 Pierre Cartier 先生于 2013 年 5 月 24 日到 6 月 15 日访问日本，以名古屋大学为中心举行讨论班和演讲。借此良机，我们就引领 20 世纪数学的布尔巴基的情况，以及对今后数学的展望请教了 Cartier 先生。

布尔巴基的诞生

高桥：请您谈谈布尔巴基的诞生。

Cartier：在新干线里我一直在看 Weil 的自传 [6]。那本书里有很多照片，对当时的情况有详细描述。布尔巴基起源于 1933 年，是他在法国初次谋得职位，去斯特拉斯堡大学赴任的时候。Henri Cartan 当时也在斯特拉斯堡，两人必须上微积分的课。可是那时的教科书，不管哪种都像 Goursat 的《数学分析教程》(Cours d'Analyse mathématique) 那样欠缺严密性，不能令人满意。Cartan 去 Weil 的研究室，两人反复讨论怎样才能教好微积分。有一次他们得出结论，与其重复这样的讨论不如新写一本教科书。法国其他大学里也有几名怀有同样问题的数学家，于是大伙儿聚集起来打算写新的微积分教材。因而布尔巴基的目的就是写一本新的微积分教材。

法国代表性的数学家有 Poincaré。他虽然为后继者留下了伟大的足迹，可毕竟是想象力丰富的数学家，不太关心严密性。他在模函数、天体力学、拓扑学中留下了伟大的业绩。他全力以赴的事情就是勇往直前，因为他认为这样才能将数学推向前进。

布尔巴基打算写教科书的时候 Poincaré 和 E. Picard 都已经去世，法国没有称得上大数学家的人了。

Painlevé 在一战中做了总理。E. Borel 也上了年纪，兴趣从数学转移到政治上了。他做过部长，后来当了上院议员。(译注：此处叙述有误。E. Borel 从 1924 年开始任下院即法国国民议会议员，1925 年加入好友 Painlevé 内阁，期间任海军部长七个月。从未做过上院即参议院议员。) 这二位在政治方面也对法国做出很大贡献。

当时的斯特拉斯堡和法国整体的状况不同。Weil 和 Cartan 都讲得一口流利德语。我虽然也说，不过赶不上他们。他们熟悉并且尊重德国文化。Weil 很关注德国的数学。他们谈论 E. Artin，Siegel，注意到德国数学的新方法，决意将其引入法国。

虽说布尔巴基最初的目的是为学生写微积分教材，不过后来又增加了将德国崭新的数学理念导入法国的动机。只写教科书远远不够。布尔巴基认为对教材写作要有必要的准备工作。于是——今日虽然已是常识了——为了理解微积分，决定各加一卷集合论、代数、拓扑学，而将微积分学作为第四卷。所谓准备工作不是单单把集合、代数、拓扑各写 20 页，布尔巴基是打算作为一个庞大计划中的一部分去实现。

第 1 次布尔巴基会议于 1935 年举行，讨论了出版计划。根据计划，初学者为了理解布尔巴基的微积分学不得不读 4000 页的预备材料。读完 3000 页才终于出现了实数。素数还早得很。因为比起素数来，素理想是更加自然的概念。1939 年出版了《集合论概要》和第 4 卷《单变量实函数论》。《集合论概要》有 60 页，说明了定义和记号。虽然不是布尔巴基最好的著作，但是基于朴素集合论解说了数学家是怎样使用集合论的。微积分课本可以说是布尔巴基的原点，这本书写得很好。我后来给准备教授资格考试的学生讲课的时候还一直说要学 Whittaker–Watson 的 *A Course of Modern Analysis* (1902) 和布尔巴基的这册课本。后来当我知道了布尔巴基这卷微积分课本大部分其实都是照搬欧拉 1750 年的微积分课本时大为震惊。(译注：欧拉的《无穷分析引论》出版于 1748 年,《微分学原理》出版于 1755 年,《积分学原理》出版于 1768 到 1770 年间。Cartier 大约记忆失误。)

1936 年举行第 2 次布尔巴基会议。具体负责会务的是 Delsarte。此时他是南希大学理学院院长，深得 Weil 信赖，此后作为布尔巴基的秘书一直负责文书管理、财务等工作。(译注：事实上 Delsarte 与 Weil 是高师 1922 级同学，H. Cartan 是高师 1923 级的。三人在校时起即过从甚密并且同于 1928 年取得博士学位。Delsarte 在大学毕业后服了一年兵役；而 Weil 因为年纪还小——那时他 19 岁——得以推迟服役并在这一年游学欧洲，结识许多重要数学人物：在罗马是 Volterra 和 Severi，在法兰克福是 Dehn，Hellinger，Epstein，Szász 和 Siegel，在柏林是 Erhard Schmidt，在斯德哥尔摩是 Mittag-Leffler。Cartan 大概没有服役。Delsarte 取得学位之后马上去南希大学任职，1944 年起直到 1968 年去世他任该校数学系系主任长达 24 年。1945 年终战后他兼任理学院院长至 1949 年——也有说法至 1948 年。虽然 Cartier 此处叙述不确切，但是 Delsarte 的确自早年就以组织、行政才能闻名，在南希做普通教师时已有多项社会兼职。H. Cartan 博士毕业后在一所中学 Lycée Malherbe 任教一年，随后在里尔大学任教两年，1931 年 11 月开始在斯特拉斯堡大学工作直到 1940 年 11 月转职高师。战前 H. Cartan 两度访问德国，虽然亲弟弟在战争中被德国人杀害，战争刚一结束他还是赶赴德国，率先推动法德数学界恢复交流。战后他回到斯特拉斯堡继续执教两年。而兴趣广泛爱好游历的 Weil 获得学位后去海外工作了几年，1933 年回到斯特拉斯堡任教，直到 1939 年二战爆发他为了逃避兵役亡命芬兰。）

越过批判抗争迎来黄金时代

高桥：一开始布尔巴基也遭到过批评和反对吧？

Cartier：最初是遭到无视。数学上的批评倒基本没有。二战后重建时期我正在高师上学，当初连布尔巴基的名字都不知道。在 Malgrange 等友人推荐之下才开始用布尔巴基的著作学习。比我们年长的世代可能有过排斥吧，我们这一代反正是什么抵抗都没有就接受了布尔巴基。尽管数学上没什么批判，政治上却有过激烈斗争。这个斗争可以说是互相争夺索邦的支配权，说来就是黑社会的派系斗争啊。关于 Bourbaki Mafia（译注：布尔巴基黑手党，Cartier 戏言。不过很可能是布尔巴基最有力最顽固的批评者 Vladimir Arnol'd 率先叫出来的。）在大学里的权力，Serre 曾有言道："我们也许没有权力，不过肯定是最强的数学家团队。"诚哉斯言！不过随着时代推进，从 50 年代到 70 年代，Serre 控制了科学院（L'Académie des sciences）和法兰西公学院（Le Collège de France），Cartan 和 Schwartz 分别掌管了高师和综合理工。（译注：1956 年 29 岁的 Serre 荣任法兰西公学院代数与几何教席教授，直至 1994 年退休。他至今仍保持法兰西公学院有史以来最年轻的教授这一纪录。Serre 于 1973 年获选法兰西科学院通讯院士，1976 年当选院士。Henri Cartan 于 1940 年 11 月获任命为巴黎大学理学部负责公共数学的助理教授（Maître de Conférences），并同时负责巴黎高师的数学教育。1948—1964 年他在高师主持著名的 Cartan 讨论班，1965 年从高师离职。1950 年 H. Cartan 任法国数学会会长，1965 年获选法兰西科学院通讯院士，1974 年当选院士。尽管一度推辞，因为决意推动综合理工的数学教育改革 Laurent Schwartz 还是于 1958 年继任他岳父 Paul Lévy 的教职至 1980 年。从 1961 到 1963 年因反战活动而被停职。Schwartz 在 1973 年获选法兰西科学院通讯院士，1975 年为院士。）布尔巴基黑手党将法国数学界完全置于其势力范围之内。并且这也是数学家人数飞速增长的时期。曾经全巴黎的数学家才 50 名上下，到那时光是巴黎六大和七大就有 600 名。

追溯回去，二战中布尔巴基的活动不得不中断。因为 Weil 和 Chevalley 去了美国，Deligne 和 Delsarte 留在法国，天各一方。对阿尔萨斯人 Ehresmann 来说是格外困难的时期。他只得隐居。战争刚一结束，Weil 就提出了新的计划。那就是在严密的基础上出版 20 世纪数学的大百科全书。其中一例就是出版了拓扑线性空间的书，这是基于当时刚完成的 Schwartz 广义函数理论。也出版了 Lebesgue 积分的书，不过有一点问题。因为决定在局部紧拓扑空间上建立 Lebesgue 积分论。这个框架对于展开几何学或通常的分析学那时是足够了，可对于概率论的应用就完全不够。因此 Schwartz，Paul-André Meyer 和我就另写了一册测度论作为补正。由此 Brown 运动也可以得到处理。因为没能全部改写，所以仍不算完整的理论。不过可以处理苏联 Gel’fand 学派的概率论了。

这是布尔巴基第一阶段的活动。也就是有关 50 到 70 年代的年轻数学家不可不知的知识的布尔巴基著作。

概形论产生前后

高桥：您在 Sophus Lie 讨论班上是骨干分子，我们对当时的情况很感兴趣，请谈谈。

Cartier：50 年代我在高师开设 Sophus Lie 讨论班的时候使用的材料是 Elie Cartan 的学位论文和 Serre 借给我的、他为布尔巴基准备的笔记。这个讨论班的记录在法国没有公开出版，不知为何却有俄语译本在苏联发行。

高桥：您的学位论文是关于代数几何吧。到底是谁指导的呢？

Cartier：没有导师！（笑）

我跟着 Godement 开始学习李群论。那也是代数群论急速发展的时期。我和 Chevalley 一起开讨论班，为代数群论的发展做出了贡献。李群论与代数几何的结合是个热点，Weil 提出了问题。读着 Deligne 关于形式群的论文，我当场就注意到 Weil 的问题可以解决。我去 Weil 那里告诉他这个想法，Weil 鼓励我就照那个思路前进。虽然 Weil 是难相处的人，不过我和他相处毫无问题，很顺利。Weil 亦师亦友。他对我来说是伯父一般的存在，不是父亲。就是说，他是比我经验深厚的长辈，去和他商量能得到适宜的建议。伯父与父亲的角色不同，不会展示权威。我在数学上从他那里学到很多，受到影响，但他并没有指导我的学位论文。

我年轻的时候三四次同代数几何学有过很深的关系。首先是读了 Weil

的《代数几何基础》。这是 Weil 为了证明代数曲线情形的同余 Zeta 函数 Riemann 猜想而写的书。我非常仔细地读了一半的样子，认真追究了细节。这是十分难读的书。通过这本书我学到了专业知识，得以写出博士论文《正特征的代数几何学，正特征下的特别现象》，其中引入了 Cartier 算子。在 Samuel Zariski 的《交换代数》中又学了一遍代数几何。

那时 Serre 的论文《凝聚代数层》出来了，以全新的技法和明晰的理论为大家带来了冲击。Serre 假定基域是代数闭域，可是 Weil，Chevalley 他们处理的问题中并不能假定基域是代数闭域。我的博士论文在 Weil，Chevalley 和 Serre 之间架起桥梁，开辟了通往概形论的道路。

高桥：第一个定义概形的是您吧。

Cartier：是的。取概形（Schéma）这个名字的是 Chevalley。这个时代考虑同样问题的有好几个人。我把接力棒从 Serre 传给了 Grothendieck。Grothendieck 还说过："你本该在博士论文中就做出概形论。"

梅村：Cartier 除子也是在那里出来的吗?

Cartier：仔细找的话会出来，不过还是隐藏的。Weil 研究多复变函数论的时候，我从与 Cousin 问题的关联出发引入了那个（Cartier 除子）。

李群论

Cartier：布尔巴基的第 2 步大的计划是记述数学现在的发展。这方面在两个领域取得极大成功：李群系列和交换代数系列。

先说李群论。这个系列是如下的计划：继半单李代数、根系之后，另起一册处理 Coxeter 几何学，然后向 p 进李群推进。除此之外，Kac-Moody 李代数也不能不写吧。李代数是异常丰富的方向，这个计划还未完成就告终了。

其中一个理由是因为不能不考虑无限维李群论，然而这个方向至今还是未确定的领域。我们提议了局部粘合 Banach 空间的方法。不幸的是很多人沿袭了这个方法。但是无限维李群上有 Kac-Moody 李代数或者 Kac-Moody 李群、与变分问题相关的群、李群胚（Lie groupoid）等性格各异的对象。

布尔巴基的李群论的最终目的，原定是记述 Élie Cartan 的工作。理解 É. Cartan 是 Weil 宣称的"布尔巴基的最大目标"之一。我们都是 É. Cartan 的弟子。Weyl 写了《群论与量子力学》和广义相对论的书。由此就可以明白，李群论已经在数学和物理中占据核心地位。A. Borel，Bruhat 和我为了写作布尔巴基的李代数理论留下了庞大的原稿。原定全 9 卷 2000 页的著作也未完成就告终了。假设今日要完成这项工作，非得再加上 Kac-Moody 李代数、量子群不可。话说回来，布尔巴基整理了李代数理论的基础，为这个方向的发展做出了本质贡献。

Grothendieck 告别布尔巴基

Cartier：看看另一个成功事例，交换代数吧。这个系列是和 Grothendieck 达成停战协定的结果。我一直清晰地记得当时的讨论。Grothendieck 还在参加布尔巴基活动的时候为我们提了好些意味深长的建议。如果全盘接受他所说的话，那非得把一切都推倒重来了吧。迄今以集合论为基础，其上搭建构造的布尔巴基方法不敷应用，这就是他的主张。“真正的数学基础在于范畴论！”倘若希望成体系地记述数学，那么就应当将范畴论作为第一卷，一切以范畴论为基础重写，他就这么说。当时的状况是这样的。Ehresmann 是范畴论的创始人之一。Eilenberg，Cartan，Godement，Serre 和我也都使用范畴论。Grothendieck 也是如此。“现在若要统一地记述全部的数学，必须把基础置于范畴论之上。”布尔巴基全体成员都承认这个主张是正确的。然而布尔巴基已经出版了 6000~8000 页的《数学原本》。以何为基础是讨论的出发点，如果替换的话，就得全部重写。这个讨论的前前后后有 A. Borel 的出色文章 [1]，请参考。

布尔巴基的结论是，虽说以范畴论为基础的想法是对的，但是基于此一切重写从现实来说是不可能的。

详细说来就是布尔巴基和 Grothendieck 之间缔结了停战协定，就是如下妥协方案：布尔巴基出版交换代数，但是不踏足代数几何学。Grothendieck 则按他独自的计划，不写交换代数，专注于代数几何。不久 Grothendieck 就弃布尔巴基而去。对他来说，代数几何学方面有他自己的计划。和 Weil 相处得不好也是原因之一，不过这还不是他离开布尔巴基的主要理由。

制定国际标准

Cartier：到目前为止的出版成果可以总结为如下 8 个领域：

集合论/代数学/拓扑学/实变函数论/拓扑向量空间/勒贝格积分论/李群论/交换代数

除此之外尚有两个孤立的领域。谱理论（Gel'fand 理论的最初部分）和流形论概要。流形论概要是和集合论概要大致相同的情形下诞生的。假设要写一部流形论的大作，Grothendieck 想必不光要写代数簇，而且要求把微分流形和解析簇都放进来吧。如 Borel [1] 中说的那样，布尔巴基和 Grothendieck 之间达成第二次妥协。流形论的出版仅以制定本领域的国际标准为目的，止于陈述定义和结果。于是完成约 150 页的流形论概要。（译注：

法语中流形与簇都使用 variété 这同一个词，日语中也是“多様体”这同一个词。在这个语境下汉语英语中的二分法反而表达累赘。）

比方说电流单位万国共通，都是“安培”。像这样在数学中也提出国际标准并使之获得认可，是很要紧的大事。提出标准就成了布尔巴基的重要任务。布尔巴基的成功在于总结了到 70 年代为止的数学全体，使之标准化并获得承认。也有批评说布尔巴基不过编写辞典而已。看看每次改版的时候加上的变更就会明白并非如此。可以看到，最初不是自明的东西，经由布尔巴基之手变成自明的了。就是说，布尔巴基创造了方法。例如，向量空间的外积代数和多项式环，它们的不用坐标系的定义就出自布尔巴基。虽然同时期也有考虑同一问题的其他数学家。

现代数学中极其重要的李代数泛包络代数的定义也是如此。布尔巴基追求一般的图景，为数学的发展做出贡献。正是通过打开新的视点提供了新的研究方法。

概率论和菲尔兹奖

Cartier： 到 70 年代为止的全部标准都确定下来了，可遗憾的是概率论还没有。在法国直到 70 年代这个领域还是得不到应有的评价。改变这个看法的契机是 Paul-André Meyer 和 Jacques Neveu 的出场。他们去美国在伊藤清指导下学来了概率论。另一方面，在苏联 Kolmogorov，Gel'fand 等人在研究概率论。在法国的大学里首次讲授概率论的是 Meyer 和我。那是在 60 年代。

再者，最初得到菲尔兹奖的概率论研究者是 2006 年的 W. Werner。既不是伊藤清也不是 Kolmogorov。不难发现，到那时为止的菲尔兹奖得主多是代数学、拓扑学、数论的研究者，研究分析学的非常少。虽然也有 Bourgain，Schwartz 这样的例外。这是 Atiyah 黑手党造成的。Atiyah 曾经在学界一呼百应。这种状况慢慢在改变。2010 年 Cedric Villani 因为 Boltzmann 方程的研究而荣获菲尔兹奖，从这件事也可看出来。

获奖者工作领域的偏向性同布尔巴基不是没有关系的。就是说，布尔巴基拣选了数学：有布尔巴基中意的数学，也有他看不上的数学。布尔巴基不会举出自己不喜欢的数学。

我在布尔巴基讨论班上（原注：布尔巴基的主要活动是出版和每年三次的研究集会，即布尔巴基讨论班。）第一次谈到概率论是 1972 年的事，其实已是 Paul Lévy 的演讲 20 年之后了。那时的事情我记得很清楚。演讲结束走出会场的时候碰到 Dieudonné，他满是“那也算数学?!”的表情。如今情况虽然略有改观，可是一看布尔巴基讨论班的演讲题目列表，就会发现基本上全被拓扑学、微分几何、代数几何和数论占满。就没给分析学、应用数学、概率论、信息科学和组合数学留下空间。

布尔巴基近况

高桥：布尔巴基出版新书吗？

Cartier：出版方面什么计划也没有。什么都没有！要说的话，从 1939 年到 1975 年大约 35 年间布尔巴基出版了约 40 本书。那段时间基本上每年写成一册新书，并且出版之前出过的书中的某一册的修订版。然而 70 年代和 Hermann 出版社起了争执，是与数学无关的商业事务。那时我任布尔巴基的代表，所以知之甚详。官司一打就是四年，直到 80 年代。出版不得不中断。官司打完后到 83 年之前终于又出了四五卷。之后，就是 83 年以后只出了两本。一个是 98 年的一本交换代数。不过那是 80 年代初 Demazure 就写好概要，由助手协力完成的。还有一个是 1958 年出版的《半单环》(代数第 8 卷) 的修订版。我在 1985 年离开布尔巴基之前给他们送过去为修订版写的原稿。2012 年终于出版了。

梅村：到底 30 年来在做什么呢？

Cartier：加加索引啦，做些必要的增补。在我送去的 300 页原稿之上增加了 40 页的索引。Demazure 的书和我的书明明都是在 80 年代中期完成原稿，出版已经是 1998 年和 2012 年。继谱理论、李群论之后还讨论过多复变函数论和辛几何的出版计划，都停留在了讨论阶段。写新书很不容易。在布尔巴基的黄金时代，负责出版的有 10 到 12 人的样子。更加上当时有强力推进者 Dieudonné，他可是号称一辈子写的稿子全印出来有 10 万页。现在和布尔巴基的出版有关系的也就三四个人吧，完全感受不到力量。出版新书需要新的组织，最重要的是需要动机。

高桥：布尔巴基现在的成员都有谁？布尔巴基还存在吗？

Cartier：形式的意义上还存在。因为布尔巴基讨论班一直在继续。有一份便于布尔巴基成员联络的会报。看看会报就知道会员的姓名、布尔巴基的活动、出版的预定等。会报不仅发给现会员，也发给老会员。Dieudonné，Samuel，Dixmier 和我都担任过会报的责任编辑。不过 1985 年我离开布尔巴基之后会报好像就不起作用了。这就是说布尔巴基本身不起作用了。我最后一次收到会报是五年前，收到还附有成员名单的会报是 15 年前。当时成员的名单虽然还有，不过因为在布尔巴基的退休年龄是 50 岁，15 年前的会员都已经离开布尔巴基了。

漫长的 19 世纪和短暂的 20 世纪

高桥：20 年前和梅村的对话录 [2] 中您谈到了布尔巴基之死，那么请您给我们说说这 20 年来的事情。

Cartier：知道出生于埃及亚历山大里亚的英国历史学家 Eric Hobsbawm 吗？他最近（2012 年 10 月 1 日）过世了，留下极富趣味的两卷大著：《漫长的 19 世纪》和《短暂的 20 世纪》。所谓“漫长的 19 世纪”是指从北美独立战争到 1914 年第一次世界大战开始为止的 125 年。另一方面，“短暂的 20 世纪”是从萨拉热窝开始到萨拉热窝结束——从 1914 年奥地利王子（奥匈帝国皇储斐迪南大公）在萨拉热窝遇刺引发一战开始，到 1989 年南斯拉夫解体萨拉热窝沦为内战的悲惨战场为止。布尔巴基的活动从 1935 年开始到 1985 年前后为止约 50 年时间，从历史说来包含于“短暂的 20 世纪”之内。我和这位历史学家有过友好的交谈，讲述了布尔巴基的故事。他表示下次修订版会加上布尔巴基的故事，我听了非常高兴。

（译注：Cartier 此处叙述不甚精确。所谓《漫长的 19 世纪》是 Hobsbawm 的 19 世纪历史三部曲的俗称，题名分别为 *The Age of Revolution: Europe* 1789—1848，*The Age of Capital*：1848—1875，*The Age of Empire*：1875—1914。这三部曲的后续 *The Age of Extremes*：*the short twentieth century*，1914—1991 即 Cartier 所说的《短暂的 20 世纪》。这四部书的中译本于 1999 年由江苏人民出版社以《年代四部曲》为丛书名出版，各分册题名为《革命的年代》、《资本的年代》、《帝国的年代》和《极端的年代》，译者分别是王章辉、张晓华、贾士蘅和郑明萱。如题名所示，这 19 世纪三部曲的起点是 1789 年的法国大革命，而不是 1775 年的北美独立战争。）

对如今的布尔巴基来说，就算开始新的企划，也有心无力。我想布尔巴基的确收获了很大成功，不过那个时代已经结束了。布尔巴基建立了整整一个历史时期，大致就相当于 1935—1985 这 50 年。一个组织经历了 50 年的话，它的使命也可以结束了。

布尔巴基的活动是一个时代的象征。然而战斗已经结束。

高桥：布尔巴基整理数学基础，导入标准，对数学发展贡献巨大，很了不起。

Cartier：得到这样的评价真是高兴。

高桥：21 世纪需要新的布尔巴基吗？

Cartier：苏联解体后在政治、社会、文化各方面都发生了多种多样的变化。在此我们可以观察到若干动向。

有朋自俄国来

Cartier：我们来谈谈“短暂的 20 世纪”之后的新动向。1991 年苏联解体，多达 50 名数学家从苏联来到我们周围。IHES 的食堂里向来就只有一个圆桌，那时增加到三个。说法语的一桌，说俄语的一桌，以及说 International English 的南腔北调英语的人们一桌。现在 IHES 的六名终身教授中俄裔占四人：Kontsevich、Gromov、Nekrasov 和 V. Kac。Manin 搬到波恩去了。除此之外可想而知有多少数学家从苏联迁移到美、法、德等西方国家。

（译注：Nekrasov 已于 2013 年转往纽约大学石溪分校的西蒙斯几何与物理研究中心任仅有的两名 Permanent Member 之一。另一名是从京都大学转任的深谷贤治。目前 IHES 在任的终身教授有四人：物理学家 Damour，数学家 Gromov，Kontsevich 和 Lafforgue。关于 V. Kac，疑为 Cartier 记忆失误。V. Kac 是莫斯科大学毕业的，不过一直在 MIT 工作。也许他想说访问 IHES 的 N. Katz，但 N. Katz 在普林斯顿工作。尽管他有个斯拉夫名字，却是在美国长大的。）

这拉开了全新时代的大幕：苏联数学与西方数学的融合。在那之前由于政治上的理由不可能实现。俄国人拥有独特的传统。在法国，这个传统是同布尔巴基融合了。当然在那之前二者也并非全无关系。

Gel'fand 在 Alexandre Kirillov 的协助下将布尔巴基的《数学原本》翻译成俄语。（译注：事实上 Kirillov 翻译的是《李群与李代数》的前三章，也就是该书英译本的第一卷和《微分流形与解析簇概要》。苏联从 1959 年开始出版《数学原本》的俄文版。首先出版的是第五部分《拓扑向量空间》。Kirillov 是 Gel'fand 的学生，不过没有证据表明 Gel'fand 参与了翻译工作。）追根溯源，应当说俄罗斯传统的分析力学也是 Lagrange 的遗产。在法国 Reeb 和 Godbillon 也主张力学的重要性。然而一般说来，在法国力学不管怎么说都被看成无聊的东西。从 Arnol'd 的名著《经典力学中的数学方法》也可看出来，苏联或俄罗斯的数学与应用数学的因缘比我等一向深厚得多。

而且 Kontsevich 的想法与我等全然不同。他也是不拘泥于形式，想象力丰富，任由直观思维纵横驰骋的数学家。

高桥：难道 Kontsevich 不是思考极其抽象的数学家吗？

Cartier：他是凭借形象和想象得以飞跃的数学家，对形式化的东西不太注意。就像 Grothendieck 需要 Deligne 那样，他也是在有才能的协助者相助之下继续研究。

无国界的数学家，计算机的出现

Cartier：说到今日数学家的使命为何，我在《无国界的数学家》[3] 中解释了自己的政治立场：那就是反对肆意的帝国主义、殖民主义等形成的独裁。

最近我去了伊拉克境内的库尔德斯坦。那里正成为库尔德人的半独立自治区。我的目标是成立库尔德数学会。想想一百年前德国和法国在纷战不休的欧洲所处的境地，就知道我的目标并非只是梦想。这次库尔德斯坦之行是参加法国一个叫 Cimpa（译注：Centre Internationalde Mathématiques Pures et Appliquées，纯粹数学与应用数学国际中心；法国的一个旨在推进发展中国家数学研究的组织）的促进海外支援的团体活动。

我还去了巴基斯坦，那里也不太平。我在宾馆和演讲会场之间往返，都由持枪男子护送。虽说如此，前来听随机矩阵课的听众有 70% 是女性。我还去了阿根廷、智利，不过中南美的数学看来不需要我们提供很多帮助。韩国、中国大概也是如此。但是泰国、马来西亚需要我们。下一个挑战是非洲。

要振兴非洲的数学。法国有热心于这个问题的数学家。突尼斯、阿尔及利亚、摩洛哥是我们的表兄弟。（译注：这几个非洲国家原来都是法国的殖民地。）鉴于突尼斯政治体制的变化，以及在危险政治局势下的阿尔及利亚困难的研究环境，我们必须想办法帮助这些国家。

还有，计算机的出现，或者说信息科学进入日常生活，其重要意义相当于人类历史上发生的两大事件：文字引入和印刷术发明。信息科学的出现毫无疑问会对数学产生影响，但究竟会产生怎样的影响我们现在还不清楚。

致青年朋友

Cartier：波兰出身的罗马教皇有一句话，在此转赠各位青年朋友："当无畏（直面我们内心的真实）"。（译注：这是第 264 任教宗若望保禄二世于 1979 年 6 月 2 日返回波兰时在华沙胜利广场对群众说的话。英文引文常作"Don't be afraid"或者"Be not afraid"。当时波兰没有宗教自由。）

追求数学研究，有时会被孤立。即，世人的俗信与自己的见解有时会发生龃龉。如历史所证明的那样，科学中的重大成就来自于对自身意见的贯彻。因此不能害怕贯彻、解释自己的主张。

2013 年 6 月 10 日于学士会馆

参考文献

[1] Armand Borel, *Twenty five years with Nicolas Bourbaki*, 1949—1973, Notices of the AMS. 46(1998)373–380.

[2] 梅村浩,「カルチエが語ったブルバキの現在」(特集・ブルバキをこえて),『数学セミナー』1991 年 1 月号, 41–46.

[3] Pierre Cartier, *Matématiciens sans frontières, Images des maths CNRS*, 2010. http://images.math.cnrs.fr/Mathematiciens-sans-frontieres

[4] Pierre Cartier, *The great mathematical revolution in the 20th century by Hilbert and Bourbaki*, 2013 年 6 月 12 日名古屋大学における講演の録画, 準備中. http://www.math.nagoya-u.ac.jp

[5] M. マシャル, 高橋礼司訳,『ブルバキ——数学者達の秘密結社』, シュプリンガー・フェアラーク東京, 2002.

[6] アンドレ・ヴェイユ, 稲葉延子訳,『アンドレ・ヴェイユ自伝(上・下)』, 丸善出版, 2012.

数学星空

John von Neumann 的早年生活、洛斯阿拉莫斯国家实验室时期及电子计算机之路 *

Peter Lax

译者：TWSIAM

彼得·拉克斯（Peter Lax），科朗数学研究所（CIMS）教授，Lax 在纯数学及应用数学方面均做出巨大贡献。主要研究领域为偏微分方程、数值分析和计算、散射理论、泛函分析以及流体力学。

我之所以撰写这篇文章，有以下两个目的：第一是要描绘 von Neumann[1] 丰富的思想、研究的本领以及他的才智，第二是要叙述他的信念以及行动是如何刻画未来。在他逝世后约六十年的现在来看，他预知电子计算机时代来临的重要性更是日益显现。

von Neumann 不仅仅只是数学家。他的天赋在于将数学抽象概念与数学方法结合成不平凡的常识，一切他对事物的想法都能观察到。如果 von Neumann 活得更久一点，他一定能够获得阿贝尔奖，以及诺贝尔经济学奖、诺贝尔计算机科学奖和诺贝尔数学奖等殊荣。这些诺贝尔奖项虽然还不存在，但是总有一天终究会设立。所以我们现在正在谈论一位诺贝尔奖三冠得主，如果我们考虑他在量子力学基础的重大贡献，也许该改成三点五。但我有点离题了。

一如往常，故事总是伴随着英雄的诞生而展开。von Neumann 于 1903 年 12 月 28 日出生在匈牙利的布达佩斯，一个中上阶层的犹太家庭中。他的父亲 Max 是个银行家，家中共有三子，他排行老大。当时十九世纪末到二十世纪初的布达佩斯正值一个充满活力与希望的年代，在 John Lukács 撰写的书《布达佩斯 1900》中有详细记录这段相关的历史。而这个时

---

* 本文译自作者 2014 年 4 月 30 日于 University of Maryland 研讨会“Modern Perspectives in Applied Mathematics: Theory and Numerics of PDEs”的演讲版本: John von Neumann: The Early Years, the Years at Los Alamos, and the Road to Computing。

[1] 冯·诺依曼（John von Neumann，1903—1957），原籍匈牙利，布达佩斯大学数学博士。20 世纪最重要的数学家之一，在现代计算机、博弈论、核武器和生化武器等领域内的科学全才之一，被后人称为“计算机之父”和“博弈论之父”。

期对数学与物理学界而言更是如此。例如 Fejér、the Riesz brothers、Pólya and Szegö、Haar、Polányi、von Kármán、Szilard、George Hevesi、Wigner、Teller、Dennis Gábor、George Békesy 等人都是在这二十五年间出生的。学校系统在 von Kármán 的父亲改革后，对于发掘天赋优异孩子的敏感度是相当敏锐的，因此 Rácz László（福音高级中学的数学教师，该校一半以上的学生为犹太人）能一眼就看出 von Neumann 的非凡天赋便不令人意外了。老师通知他的家长和 József Kürschák（匈牙利数学界的贤明长者），并安排年少的 von Neumann 接受专门教育。他第一位私人教师是 Gábor Szegö。Gábor Szegö 本身也是一个天才，后来先后于柯尼斯堡大学和斯坦福大学任教，他的妻子总喜欢回忆 Szegö 第一次与 von Neumann 见面那天，回家时眼眶中含着泪水的情景。Szegö 前往德国后，Michael Fekete（后来任教于耶路撒冷希伯来大学）成为 von Neumann 第二位私人教师。1922 年，正值 19 岁的 von Neumann 与 Fekete 发表了他生平第一篇论文，论文主题为超限直径。此后，Fekete 一生专注致力于超限直径相关主题的研究。

神童在数学界并不罕见。除了是因为其拥有逻辑能力的大脑外，最有可能的原因是因为在理解和解决数学问题时并不需要对广泛情境背景有所理解（这样的能力只能借由世俗经验学习）。但这也产生了令人遗憾的后果：许多数学家会回避非数学情境中的数学问题。当然并不是所有数学家都这样，但如同 von Neumann 一般全心全意研究现实世界中的问题者却是少之又少。根据他同为数学家挚友 Stan Ulam 的说法，他的思维不属于几何化，也不是具象化的，而是比较偏向代数性的，他可以一方面运用代数符号描述问题自如，另一方面能够阐释各个代数符号在不同应用所代表的意义。这可能可以解释为什么他拥有能在众多不同的环境中思考的能力。

结束高中课程后，他的父亲认为以数学家作为志业很不切实际，而觉得修读化学工程较有前途，于是年轻的 von Neumann 便前往柏林，两年后又转往苏黎世。在此他认识了两位重要的数学家：George Pólya 和 Hermann Weyl（直觉论领导者之一），更准确地说应该是他们两位认识了 von Neumann。1926 年他拿到在苏黎世联邦理工学院的学位，同时期他也注册于布达佩斯大学攻读数学博士，即使出席率低仍顺利完成学位。毕业时，他还不到 23 岁。

von Neumann 在柏林准备苏黎世联邦理工学院的入学考试，并在 1923 年以杰出的表现通过。同样的考试，20 年前的爱因斯坦却没能通过。同一时间 von Neumann 开始着手他的数学博士学位论文，研究一项看似偏向技术层面实际上却有哲学深度意涵的主题，论文题目是《超限序数绪论》（*The Introduction of Transfinite Ordinal*），后来以《集合论的公理化》（*An Axiomatisation of Set Theory*）为题发表。这篇论文的目的在于解决一个正在逐渐酝酿成形的数学危机，以下是 von Neumann 对此问题的描述：

> “在 19 世纪末和 20 世纪初，Georg Cantor 的集合论（抽象数学的一个新分支）导致了难题：某些推论会产生矛盾。虽然这些推论并不是集合论中核心的部分，但在某些正式标准检验下总是很容易被发现，尽管如此，却不知道为什么这些推论的正当性比同一理论中成功的部分还小。”

这个危机让数学界分成了两派：直觉论及形式主义。直觉论者会严格地限制无限集合的操作方式；形式主义者则认为本着欧几里得的主张，适当的公理化让我们能够用想要的方式操作无限集合，同时能免于矛盾。形式主义的领袖是哥廷根大学的 David Hilbert，他是柏林数学界的重要教授，为 Erhard Schmidt 的指导老师。Schmidt 曾经帮助年轻的 von Neumann。数年后，在 1954 年，即使此时的 von Neumann 早已不需要为撰写数学学术论文费心，加上行政工作繁忙，已有一段时间不再动笔，但为了表示对 Schmidt 的感谢，他特别为一纪念文集《Festschrift》撰稿称颂年迈的 Schmidt。

他在集合论基础上的研究吸引了年迈的 Hilbert（任职于哥廷根大学）的注意，von Neumann 逐渐成名让他获得洛克菲勒基金会赞助，前往哥廷根大学研究访问一年。当他抵达哥廷根大学后，发现当时最急需解决的研究主题不是集合论，而是新发展的量子力学。海森伯和薛定谔所提出的新理论需要使用数学去厘清，此后在他有生之年，von Neumann 断断续续地研究相关的数学问题。他提出了希尔伯特空间中的无界自伴算子理论（unbounded self-adjoint operators in Hilbert space）。该理论提供了量子力学令人满意且符合逻辑的理论基础，这个理论同时也是现代数学的奠基石。此外，他不仅建立理论基础，同时也展示如何将理论应用于有趣特定的物理问题上，这也是典型的 von Neumann 作风。

此时 von Neumann 声誉卓著，他先后在柏林大学和汉堡大学担任讲座，后来又受邀至欧洲各地演讲。不过在 20 世纪 20 年代末期，他便着眼于美国，部分原因是欧洲缺乏工作机会，他比大部分人都还早预见这样的趋势。因此在 1929 年普林斯顿大学邀请他讲授数学物理，特别是量子力学新兴领域时，他便欣然地接受。此后四年，他便将他的时间平均分配给普林斯顿以及德国。

这几年间有一件对 von Neumann 来说相当重要的科学事件：Gödel 证明形式主义的希尔伯特计划（the Hilbert program）注定会失败。1931 年 Gödel 证明除非依靠更强的逻辑系统，否则任何逻辑系统绝不可能被证明免于矛盾。这个证明结束了 von Neumann 公理化和集合论的研究，但他的努力并没有白费，反而帮助他构想出电子计算机应有的架构。第二项对未来有决定性影响的事件则是 Chadwick 于 1932 年发现了中子的存在。

前面所说时间均分的完美安排在 1933 年突然地结束了，第一是因为希特勒崛起，第二是因为 von Neumann 同时被任命为普林斯顿大学及新创立的普林斯顿高等研究院教授。这是一个非常受人尊敬的职位，爱因斯坦和 Hermann Weyl 也是其中一员，Gödel 随后也加入行列。

20 世纪 30 年代中期是 von Neumann 多产的时期。他和 Francis Murray 合作完成了他最历久不衰的发现：算子环理论（the theory of rings of operators），现在称为 von Neumann 代数。同时，逐渐累积的政治危机让他了解战争一触即发，并且无法避免。他同时也预见战争会导致欧洲犹太人的毁灭，严重程度如同第一次世界大战时，土耳其政府毁灭亚美尼亚人的规模。

因此，当他敏锐地发现战争即将爆发，便思考如何利用他的数学长才协助美国备战。当时，战争中与数学最有关联的便是弹道学。阿伯丁试验场距离普林斯顿大学不远，因此他积极投入爆炸和冲击波的研究。在这过程中他差点就成了军械部的陆军中尉，只可惜他的年龄稍稍超过 35 岁的年龄限制，因此战争部长不愿破例任命。拜此之赐，von Neumann 免于军旅生涯的束缚，可以徜徉于各式各样的研究当中。他被指派至各种委员会，并且积极参与相关的讨论研究。很快地，他致力研究实用应用数学的名声远播，如同 15 年前他以优秀纯粹数学研究而闻名一般。推崇他的人包含军械部的 Simon 将军和科学研究与发展办公室的领导者 Vannevar Bush。1943 年初时 von Neumann 被派至英国协助反潜作战和空中战争，在此他贡献所学并同时在英国习得关于引爆的相关知识，获益良多。没有多久他便活用这些新习得的知识投入一项重要的战争计划：制造原子弹。更准确地来说，是制造核弹。

当 von Neumann 到达洛斯阿拉莫斯国家实验室时，发现有许多重要急待解决的问题，他必须逐一克服这些问题，才能成功制造钚弹。钚同位素会自发裂变并释出中子，汇集中子数量的速度必须够快，以达定量才能预先引爆任何炸弹。内爆是当时最有希望的汇集方法。因为 von Neumann 具有高效炸药的经验，他安全并迅速地完成这个任务。这项成功的事迹连同许多其他在物理和工程问题上的技术贡献，为他建立起“顾问”的声誉。实验室中许多赫赫有名的人也都相当推崇他，这些人包含 Oppenheimer、Bethe、Feynman、Peierls、Teller 等人。

核子武器的设计不能采用试误法，每个提出的设计细节皆须用理论测试。其核心技术就是对非线性、不可压缩流体方程式之求解。

von Neumann 深刻地了解到单纯使用古典数学分析方法不足以应付这项工作，唯一能够解决问题的方法便是将其连续力学方程式离散化后并用数值方法求解。要有效率地进行这样的计算需要的工具有：高速且可程序化的电子计算机、大容量的储存装置、程序语言、一个微分方程的稳定离散理论，再加上对各式各样离散化方程式快速求解的算法。在战争期间及战后，von Neumann 皆投注相当大程度的精力在这些任务上。他敏锐地发现了电子计算方法是相当关键的，不仅能用来设计武器，也能解决众多且多元的科学及工程问题，其中对气象与气候之理解特别引发他的兴趣。他了解到电子计算比费力的人力计算更能够解决实际问题。

在此我引用 1945 年他在蒙特利尔一场演讲的片段，此时电子计算机仍仅只是他脑中的构想，他说道："我们当然可以继续提出更多例子来证明我们的论点：因纯粹分析方法不足以解决非线性问题，许多纯粹数学与应用数学的分支都很需要计算工具来打破现在所面临的困境。高效的高速计算能力可能可以为非线性偏微分方程领域，连同其他正面临困境或仍无法探索的各种领域，提供推动数学各方面实质进展而需要的关键启发。以流体动力学为例，从直觉论开始至今已逾两个世代，虽然为了突破该领域的僵局已投入许多一流的数学贡献，但这些关键点都仍未出现。在极少数的情况下，这些关键点出现了，却是源自物理实验的结果。现在我们可以让电子计算变得更加有效率、快速且更有弹性，这样使用这些新的电子计算机提供所需的关键技术便是有可能的，而且最终可能促进分析的重要进展。"

大家都知道 von Neumann 是现代电子计算机之父，但不是每个人都知道他也是计算流体力学之父，以下我将仔细地介绍他在这个领域当中的两项贡献。

在差分方程理论发展中，von Neumann 的一项重要贡献便是提出稳定性的概念，后来其中一种检验离散格式稳定性的方法是以他的名字来命名，由此可知它的重要性。他的陈述为：这个检测方法只适用于常系数的线性方程稳定性分析。但 von Neumann 大胆断言，它也能够推广到变系数系统的情况，结果也果真如此。

von Neumann 在计算可压缩流上最具有深度的想法便是激波捕捉法（shock capturing）。在可压缩流中，激波以及不连续解的现象是必然发生的，该法把流场中所有点都视为普通的网格点，激波在网格点上是以急速变化之离散近似解来表示，而非流场内不同区域的边界解。在 1944 年进行的数值实验中，von Neumann 成功地研究了一个一端被封闭的管中的气流问题。当气流进入管中，靠近封闭墙附近的气体开始向气流相反的方向运动。质点的动作路径在激波附近突然改变。他观察到在激波附近的质点路径是摆动的，这表示该处的速度场在振荡，这些非物理性振荡发生的原因，是因为他所采用的差分法具有消散的性质。随后在一篇与 Richtmyer 合作的论文中，他们引进人工黏性项以消除因不稳定数值方法所造成的振荡。

如果 von Neumann 活到今日，不知道下列哪个事件最令他吃惊呢？是人手一台且物美价廉的个人计算机？网络的发明？计算机和计算科学现今的发展？气候的数值计算至今仍然一个难题？基因解码？人类已经登陆月球？苏联的解体？还是地球还没爆炸呢？

von Neumann 的早逝是数学界和科学界的不幸，让我们失去了一位天生的领导者和雄辩的发言人，也使得年轻世代无缘遇见 20 世纪中最令人钦佩的知识分子。

编者按：本文原载台湾工业与应用数学会电子报第三期，后转载于《数学传播》40 卷 3 期。

哈尔莫斯，我的怀念

林开亮

林开亮，2006 年本科毕业于天津大学，2014 年博士毕业于首都师范大学，现任教于西北农林科技大学理学院。教学之外，倾心于近现代数学史和当前数学教育，热衷于数学的普及传播，在《数学传播》《数学文化》等刊物发表多篇文章。与朋友合作翻译《当代大数学家画传》《数学与人类思维》《数学家讲解小学数学》《微积分及其应用》等通俗或专业名著，编著《杨振宁的科学世界：数学与物理的交融》。

我以能成为教师而骄傲，教书是一个如蜉蝣般朝生暮死的事业，就像拉小提琴，乐曲结束就完了，教师给学生上课也是一样，而写作是一个永久的事业，虽然辛苦，可是我欢喜。

——哈尔莫斯

引子

我之所以成长为一名数学工作者，并热衷于几何观点下的线性代数，与一个人有很大的关系，这个人就是美国数学家哈尔莫斯[1]（Paul Richard Halmos，1916—2006）。

我第一次接触到哈尔莫斯，是通过他的数学自传《我要作数学家》[2]。不记得是大一还是大二，当时我在南开大学数学院的图书资料室闲逛，偶然看到这本书。翻开前几页，我立刻就迷上了它。哈尔莫斯写道（[1]，p. 4）：

---

[1]哈尔莫斯（Paul Richard Halmos），美国数学家，生于匈牙利布达佩斯，早年就学于伊利诺伊大学。哈尔莫斯主要研究遍历理论、代数逻辑、希尔伯特空间算子、测度论等。1983 年，因其在有限维向量空间、测度论、遍历理论及希尔伯特空间等方面对研究生教材的贡献，获美国数学会斯蒂尔奖，其中有些教材是第一次用英文系统地阐述，这些教材对北美的数学教育有重要影响。他还获美国数学协会查文尼特奖 (1947) 和福特奖 (两次：1970，1977)。

[2]中译本《我要作数学家》，马元德、沈永欢、胡作玄、赵慧琪译，江西教育出版社，1999 年。

> 我主张讲解问题要多用文字少用数字，特别是讲解数学时要这样做。在数学中，创造精妙的符号体系（以表示乘积、方幂、级数、积分等一切计算概念），常常是一大进步，然而，使用符号虽然能简化计算，同样也会导致概念变得晦涩难懂。

接下来哈尔莫斯举了一个例子来说明文字的优越性，他只用一句话就点透了内积空间中著名的贝塞尔（F. Bessel）不等式的证明，这令我大开眼界，并永志不忘。我觉得自己学到了妙招，在此之前我从未听到有老师这样讲数学。

再往下翻下去，我读到了更多有趣的东西，也得到了更多的实惠，比如知道了《美国数学月刊》、哈代（G. H. Hardy）的名著《纯数学教程》、加德纳（M. Gardner）的数学小品、卡普兰斯基（I. Kaplansky）、麦基（G. Mackey）等数学名家编写的优秀数学教材——以至于从此以后，我都对哈尔莫斯深怀感激之情；在他 100 周年诞辰之际，我决定给大家讲一讲我眼中的哈尔莫斯。完整描述哈尔莫斯非笔者能力所及，这里只给出一个概貌。有兴趣进一步了解的朋友可以去翻阅 [1] 以及他那本著名的《我有一本相册回忆录》[3)]。

少年哈尔莫斯

哈尔莫斯于 1916 年 3 月 3 日出生于匈牙利布达佩斯，是犹太人。父亲是医生，母亲去世后，父亲移民到美国另立家室，在哈尔莫斯 13 岁时把他接到了芝加哥。哈尔莫斯因此成了美国人。他的继母“像解极值问题一样对待生活中的每件事情”，为了节省哈尔莫斯的学费，继母找人帮忙，让他直接插班高二，当然之所以能够顺利跳级，主要还是因为哈尔莫斯聪明。

哈尔莫斯很快就掌握了英语。高中毕业后，为了追求自由，哈尔莫斯选择了离家更远的伊利诺伊大学，而不是数学实力更雄厚、阵容更强大的芝加哥大学。

1931 年 9 月，15 岁的哈尔莫斯在伊利诺伊大学注册，专业是化学工程。哈尔莫斯很快发现，自己对化学实验不感兴趣——用他本人的话说，“完成实验报告就像在做假账”。于是他将主修专业换成了数学。

大一时他修了三门数学课：代数、三角、解析几何。只有解析几何是新东西，可惜当时并没有学习线性代数（矩阵和向量），他对所谓的“化简”和“旋转”不得要领。大二时他修了空间解析几何与微积分（当时认为微积分对大一学生来说太难了），用的教材是 Granville-Smith-Longley 的《微积分》，

[3)] *I Have a Photographic Memory*, Mathematical Association of America, 1987.

他很憎恶这本书，不懂作者到底在说些什么。直到大二快结束时，哈尔莫斯才“越来越确信，主修数学算是找对了方向”。大三时哈尔莫斯修了三门数学课：高等代数、高等微积分、射影几何。教射影几何的莱维（H. Levy）很喜欢哈尔莫斯，曾带他到数学图书馆，教他使用数学文献。后来莱维也指导了哈尔莫斯的本科学位论文。大四时，哈尔莫斯又修了三门数学课：高等欧几里得几何、数学的基本概念、概率论。这些课程留给他更多的是神秘而非美妙。

总的来说，由于当时伊利诺伊大学的绝大部分数学教师都不搞数学研究（甚至连教学都成问题），所以哈尔莫斯本科阶段并没有打好数学基础，他是这样回顾其本科生涯的（[1]，p.45）：

> 我的以数学为主修科的本科教育就这样匆匆而过。在数学方面，我不仅缺乏启迪，而且无知得惊人。Weierstrass，Hausdorff，Poincaré，Galois 和 Cayley，对我而言，纯粹是传闻；我对正经的 ε-δ 分析、点集拓扑、代数拓扑、抽象代数、甚至是 4 阶方阵乘法之外的线性代数，一无所知。

1934 年哈尔莫斯本科毕业后，继续在伊利诺伊研究生院深造。他起初选的是哲学专业（早在大二时，他就通过逻辑课对哲学发生了兴趣），同时也修统计课，以保持对数学的兴趣。大概是他确实对哲学没有什么天分，他没有通过 1935 年的哲学硕士学位的综合口试，这断了他的哲学路。不过好在他还有数学这条后路，哈尔莫斯因此正式转为数学研究生。

哈尔莫斯修的头三门研究生数学课是代数、分析和数论。代数用的是博谢（M. Bôcher）的教材，哈尔莫斯发现很难，他后来这样评价这本书（[1]，p.51）：

> 我做学生的时候，我们用的矩阵论的教材是博谢的老得掉牙的书（我认为写得一团糟），我在这个科目上花的大量时间当中，我的主要情绪是恼火甚至于愤怒。…… 直到四五年以后，在我已经取得博士学位、听过冯·诺依曼（J. von Neumann）讲算子理论以后，我才真正开始懂得这个科目是讲什么的。

为了掌握线性代数，哈尔莫斯拼了命地用功，参考了迪克森（L. E. Dickson）的《近世代数理论》，还带领同学讨论理解起来比较困难的 λ-矩阵。功夫不负有心人，哈尔莫斯终于过了线性代数这一关。教数论的是研究生院的院长卡迈克尔（R. D. Carmichael），他不仅研究做得好，也是一位优秀的教员。正是他，让哈尔莫斯爱上了数论并做出了第一项研究。卡迈克尔给学生们讲了印度传奇数学家拉马努金（S. Ramanujan）的一项研究：对于哪些正整数 a,b,c,d，自变量 x,y,z,t 取值于整数的二次型函数 $ax^2+by^2+cz^2+dt^2$ 可以表示出所有的正整数？拉马努金确定出一共有 54 个这样的四元数组 a,b,c,d。哈尔莫斯受到这一成果的启发，考虑了这样的问题：对于哪些正整数 a,b,c,d，自变量 x,y,z,t 取值于整数的二次型函数 $ax^2+by^2+cz^2+dt^2$ 可以表示出恰好除了一个整数之外的所有的正整数？哈尔莫斯发现，可能的四元数组 a,b,c,d 一共有 88 种，并证明了其中 87 种确实如此。剩下的一种他在 1938 年发表文章[4)]时尚不能肯定，后来被帕尔（G. Pall）证明。哈尔莫斯后来这样总结这项研究（[1]，p.54）：

> 做这个题目，我第一次发表的研究成果，不需要任何灵感，只需要耐心和勤奋，多应用卡迈克尔教给我的那些技术。但这项工作给了我一种成就感以及我可以做研究的信心（这是极其需要的）。我非常得意，买了 200 份抽印本。结果等到好多年后，我才全部送完。

不过哈尔莫斯觉得自己突然跃迁为真正数学家的那一刻，是在 1936 年 4 月的某一天，对分析有了顿悟，对此他记忆犹新（[1]，p.61）：

> 天色破晓时——我记得彼时的情景——安布罗斯（W. Ambrose）和我在教学楼二层的一间讨论室里谈话，他的一些话可谓是让我拨云见日所需的最后一抹阳光。突然之间，我对 ε-δ 和极限恍然大悟，十分清楚、优美，非常令人兴奋。我欢欣鼓舞，花了一个小时把 Granville-Smith-Longley 的《微积分》翻了一遍，忍不住快乐地点头。对，对，毫无疑问，我能证明这个！——是的，这很显然——他们怎么能把这个弄得那么糟？我觉得一切都豁然开朗了。我还有许多东西要学，但没有任何东西能够阻止我去学习了。我知道我能学明白。那一刻，我就成了数学家。

尽管哈尔莫斯在那一刻掌握了 ε-δ，但他并没有立即喜欢上分析。他最终热爱上分析，要归因于年轻教员杜布（J. L. Doob）的影响。杜布 1935 年来到伊利诺伊，这对哈尔莫斯来说意义非凡。事实上，杜布后来成了哈尔莫斯的博士学位论文指导老师。1938 年，哈尔莫斯以学位论文《随机变换的不变量：赌博系统的一般理论》获得博士学位，成为杜布门下的第一个博士（他的死党安布罗斯则于次年成为杜布的第二个博士）。

[4)] P. R. Halmos, *Note on almost-universal forms*, Bull. Amer. Math. Soc. 44 (1938), 141–144. 特别值得指出的是，哈尔莫斯的这一成果后来融入二次型理论的一项重要成就，即康威（J. H. Conway）和施尼博格（W. A. Schneeberger）的“15 定理”（Fifteen Theorem），见维基百科。

那一年全美只有 68 人获得数学博士学位，照理说哈尔莫斯很容易找到教职。可是他发出的 120 份求职信，全部石沉大海。其原因可能正如杜克大学数学系主任格根（John Jay Gergen）后来透露的那样，“我们不想要任何难民”。1938 年 8 月下旬，他的母校伊利诺伊大学同意聘用哈尔莫斯，年薪是 1800 美元，每周 15 课时的教学任务。这在当时算是标准的薪资。

哈尔莫斯在母校的教学和研究并不顺利，一年后安布罗斯被普林斯顿高等研究院接收为研究员（member，相当于博士后），哈尔莫斯认为这是个好机会，于是请求母校放行，允许他也去高等研究院游学访问。

普林斯顿遇贵人

高等研究院坐落在普林斯顿，离普林斯顿大学不远，当时已成为数学世界的中心，哈尔莫斯在这里结识了许多后来成名的大数学家，从他们那里学到了许多东西。幸亏他的匈牙利同胞冯·诺依曼慧眼识珠，哈尔莫斯在第二个学期就被高等研究院接收为研究员。哈尔莫斯之所以被冯·诺依曼相中，是因为冯·诺依曼看了哈尔莫斯所记的线性代数笔记，非常满意。哈尔莫斯觉得冯·诺依曼的讲课优美而富有启发性，后来自发为普林斯顿大学的研究生讲授冯·诺依曼观点下的线性代数，取得了空前的成功。他又根据学生记下的笔记，写成了他的第一本数学著作《有限维向量空间》（*Finite-Dimensional Vector Spaces*）。在冯·诺依曼的帮助下，该书于 1942 年作为普林斯顿数学研究丛书（Annals of Mathematics Studies）第 7 号出版。

哈尔莫斯在普林斯顿读了不少书，如斯通（M. H. Stone）关于希尔伯特（Hilbert）空间的著作，冯·诺依曼关于连续几何的笔记，但最让他兴奋的是庞特里亚金（L. Pontrjagin）的《拓扑群》[5]，他这样写道（[1]，p.123）：

> 我读庞特里亚金的《拓扑群》，雷默（E. Lehmer）夫人的英译本刚出版，这是一本让人开眼界的书，给人启发的书，令人激动的书。真的，像读侦探小说，要找到案件的主谋。

哈尔莫斯在普林斯顿高等研究院一共待了三年（1939—1942），其间产生了两项合作研究，一项是与冯·诺依曼关于遍历理论的合作，一项是与萨默尔森（H. Samelson）关于拓扑群的合作。跟他的《有限维向量空间》一样，这两个工作都发表于 1942 年。

---

[5]中译本《连续群》，曹锡华译，科学出版社，1957 年。据吴文俊回忆，陈省身先生在“中研院”指导学生时，曾指定研究人员通过三本李群著作学习拓扑群，作者分别是外尔（H. Weyl）、谢瓦莱（C. Chevalley）和庞特里亚金。据曹锡华晚年回忆，当时作为研究员的他正是在陈省身的指导下第一次学习了庞特里亚金的著作。

芝加哥的黄金时代

普林斯顿时代结束后，哈尔莫斯重新回到伊利诺伊，不过一年后他转到锡拉丘兹，直到 1946 年 9 月，他换到了更好的大学——芝加哥大学，由此开启了他生命中最令人振奋和富有成果的阶段。

当时斯通被芝加哥大学任命为新的数学系主任，数学系也因此而迎来了辉煌的斯通时代。哈尔莫斯之所以能收到芝加哥大学的聘书，与斯通的提名密切相关。在 20 世纪 50 年代，芝加哥大学数学系有四位名满天下的数学家坐镇，他们分别是：韦伊（A. Weil）、陈省身、麦克莱恩（S. MacLane）和济格蒙德（A. Zygmund）。这帮助芝加哥大学吸引来不少杰出的学生，比如日后享誉世界的数学人物汤普森（J. G. Thompson）、柯恩（P. J. Cohen）、斯坦（E. M. Stein）和辛格（I. M. Singer）。尽管哈尔莫斯无法跟陈省身、韦伊等大牛比肩，但他仍吸引了九名优秀的学生作为博士研究生，其中他最引以为傲的是毕晓普（E. Bishop），构造性分析的创始人。

在教学方面，哈尔莫斯虽然自认为是一个很优秀的教师，但芝加哥大学的学生很有才华而且非常用功，于是教学成了智力上的挑战，哈尔莫斯非常努力地让自己成为一名更加优秀的教师。例如，他在每一个班干的第一件事情就是尽快了解他的学生。为此，他要求学生坐在自己想坐的位置，但要求固定座位，以便他记住每一个人。他甚至还通过漫画来刻画学生的特征：长头发、圆脸、牛角镜框等。如果班上学生不多，他会要求每位学生在开学一两周内去办公室跟他闲聊，了解他们的大致情况（来自哪里，高中是否学过微积分，想学什么，哪门学科有困难……），让学生真真切切感受到，一位近在咫尺的教授正实实在在地关心着他们的成长。

在研究方面，哈尔莫斯开始实践他的一个信念：为保持活力，必须每五年更换一个领域。因此，他先后研究了许多领域：希尔伯特空间、测度论、遍历理论、逻辑学。前三个领域是受杜布和冯·诺依曼的影响，而他对逻辑学发生兴趣则是通过罗素（B. Russell）的通俗著作和罗素与怀特黑德（A. N. Whitehead）的经典著作《数学原理》（*Principia Mathematica*）。

作家哈尔莫斯

哈尔莫斯非常擅长写书，他在许多领域都有专著，其中《测度论》和《希尔伯特空间问题集》列入他所主编的研究生数学丛书（Graduate Texts in Mathematics，常缩写为 GTM）第 18 号和第 19 号，并且都有中译本[6]；而

[6]《测度论》，王建华译，科学出版社，1958 年；《希尔伯特空间问题集》，林辰译，上海科技出版社，1984 年。

《布尔代数讲义》和《朴素集合论》则与新版本的《有限维向量空间》一起列入他所主编的本科生数学丛书（Undergraduate Texts in Mathematics，常缩写为 UTM）的前三本。[7]

特别是《希尔伯特空间问题集》一书，哈尔莫斯也是呕心沥血。据他讲，第一版全书共有 199 个问题，他逼迫自己每天必须写一个问题，但是事实上，完成此书花了他三倍的时间。哈尔莫斯认为，他写的书中，最好的也许就是《希尔伯特空间问题集》和《有限维向量空间》。对于大一大二的本科生，我们还特别推荐一下他的《线性代数问题集》（*Linear Algebra Problem Book*）。另外，哈尔莫斯还编了一本《给数学人的新旧问题》（*Problems for Mathematicians, Young and Old*）。

哈尔莫斯的三本数学问题集，正是体现了他的一项特殊才能：善于提出问题。哈尔莫斯注意到习题的价值，可能受到他的同胞、匈牙利数学家波利亚（G. Pólya）与塞格（G. Szegö）编著的著名的两卷本《分析中的问题和定理》[8]的影响。波利亚–塞格的书培育了好几代数学家，从我国的老前辈徐利治，到加州大学的年轻俄国女数学家霍尔茨（O. Holtz），都曾从中受益[9]。该书收入的不少问题直接取自数学论文，因此难度较大，不少成名数学家在学生时代甚至患有所谓“波利亚–塞格”恐惧症。哈尔莫斯的习题集似乎铺垫得更舒服些，因为他处理的主题比较集中，他好像也更擅长组织和整理。

在阐述自己的博士论文研究时，哈尔莫斯曾引用过波利亚的著名格言“如果你不能解决一个问题，那么就有一个较为容易的问题你没有解决——先找到它！”。这句话出自波利亚的名著《怎样解题》。哈尔莫斯在《数学的心脏》[10]一文中甚至认为，问题是数学的心脏。哈尔莫斯曾对中国剩余定理感兴趣，曾写明信片问起华裔朋友李信明[11]：中国剩余定理是从什么问题来的？

---

[7] UTM 丛书的清单可见维基百科：https://en.wikipedia.org/wiki/Undergraduate_Texts_in_Mathematics。除了以上三本，哈尔莫斯的 UTM 著作，还有 2009 年出版的《布尔代数引论》（UTM 第 128 号），这是《布尔代数讲义》的新版本，由哈尔莫斯与葛范德（Steven Givant）合作完成。

[8] 中译本《数学分析中的问题和定理》，张奠宙等译，上海科学技术出版社，1981 年。

[9] 见 Olga Holtz, *My Random Walks with Pólya and Szegö*, 网址 https://www.ias.edu/ias-letter/holtz-random；对于徐利治的情况，可见徐利治、袁向东、郭金海《徐利治访谈录》（湖南教育出版社，2009 年）第七章。

[10] *The Heart of Mathematics*，中译文《数学的心脏》，弥静译，《数学通报》1982 年第 4 期，27–31.

[11] 李信明，笔名李学数，以系列科普《数学和数学家的故事》而闻名。他曾写过一篇关于哈尔莫斯的文章，见 http://www.nandazhan.com/xueshu/lhalmos.htm，也收入《数学和数学家的故事》第 5 册。

作为教师的哈尔莫斯

哈尔莫斯在教学上追寻的教父是美国数学家穆尔（R. L. Moore），以提倡“穆尔教学法”而著称。据说，穆尔方法的精髓在于一句中国古谚：“不闻不若闻之，闻之不若见之，见之不若知之，知之不若行之；学至于行之而止矣。（I hear, I forget. I see, I remember. I do, I understand.）”[12]对此有兴趣的读者，可见《我要作数学家》第十二章“怎样教书”。

之所以这里特别强调哈尔莫斯的教师身份，一方面是因为，根据他本人的说法（[1]，p.550）“按照质量递减的次序，我是作家、编辑、教师、做研究的数学家”，其教师身份重于数学家身份；另一方面则是因为，笔者通过读他的《有限维向量空间》而成为他的忠实学生，从前当我读到这本书第 79 节谱定理[13]的开头一句话“我们现在已经准备好证明本书的主要定理······”时，我对他无比感激，那一刻是我觉得终于迎来的最幸福的时刻（因为我之前始终对线性代数没有把握）。

数学家哈尔莫斯

作为研究型数学家，哈尔莫斯固然小有成就[14]，但并不耀眼，特别是在他所处的芝加哥数学系的辉煌背景映衬下。当麦克莱恩接替斯通成为系主任以后，想要以一流数学家取代二流数学家，以造就“世界上当之无愧的最好的数学系”，哈尔莫斯的研究没有得到他的认可，于是遭到排挤。1960 年底，哈尔莫斯接受密歇根大学的邀请，离开了芝加哥。他在密歇根带了 6 名博士研究生，其中最突出的是萨拉森（D. Sarason）[15]，他甚至无法判断萨拉森和毕晓普究竟哪一个更优秀。此后，哈尔莫斯曾先后任教于加州大学圣塔芭芭拉分校、夏威夷大学和印第安纳大学，1985 年从印第安纳大学退休。他的《我要作数学家》也正是在那一年出版。

哈尔莫斯在自传中用第十二章整整一章的篇幅讲“怎样教书”，而在第十四章只有一小节讲“怎样做研究”[16]。他认为这个主题是很难讲的，因为“如何做研究这个过程主要部分是心理上的，是难以描述的”。尽管如此，他还

---

[12]蒙香港城市大学陈关荣教授告示，这句话出自荀子《儒效篇》。

[13]谱定理的常见版本之一是：实对称矩阵可以用正交矩阵对角化。这是线性代数的核心定理之一。

[14]哈尔莫斯的代表性论文收入在 P. R. Halmos, *Selecta*: *Research Mathematics*, Springer-Verlag, New York, 1983。

[15]萨拉森（1933—2017）本科主修物理，24 岁获得物理专业的硕士学位，30 岁获得数学博士学位。之后到加州伯克利大学任教，直至 2012 年退休。他是伯克利最受欢迎的博导之一，他一共指导了 40 名博士，其中包括华人数学家张圣容和李健贤。

[16]网上也可以搜到这一节的中译文，例如 https://www.douban.com/note/383303298/?type=rec。

是尽可能地分享了他本人的研究心得——从特殊情形和具体例子出发：“所有伟大数学的源泉，都是特殊情形，都是具体例子。”这也是他写文章、做报告的一贯宗旨。特别地，想要对此获得切身感受的读者可以参考他在台湾“中研院”数学所做的报告记录[17]。哈尔莫斯本人对这个报告很满意（[1]，p.436）：

> 我很幸运：结果有一个很小的具体特例，其中涵盖了所需理解的一切概念、所需克服的一切困难。于是我的报告着重于这个特殊情形。我感到很自豪：我觉得我成功地讲述了一个漂亮的问题及其满意的解答，而不必陷于无关的分析技巧的泥沼之中。

从特殊到一般、从具体到抽象，对于认识事物是自然而然的。不过哈尔莫斯的这种风格并非所有的人都赞同。哈尔莫斯在自传中曾描述了法国著名数学家迪厄多内（J. Dieudonné）在听了他所做的同一主题的报告之后的反应（[1]，p.436）：

> 迪厄多内礼貌且友好，但事后明显表现出不屑一顾的态度；我记不清他的原话了，但大意是，他祝贺我的滑稽表演，整个报告留给他的印象似乎是“趣味数学”。这在他的词汇中是个讥讽的字眼；他认为我的报告趣味有余，但是十分做作，流于肤浅。然而我认为（现在也认为），报告可远远超出这种水平。我俩评价的不同源于我们观点上的差别。我想对于迪厄多内来说，重要的是那个强大的一般性定理，从这一定理你很容易推出所有你需要的特例来；而对于我来说，最伟大的前进步骤是，很能说明问题的中心例子，从这一例子中我们很容易搞清楚围在该例子周围的所有具有普遍性的东西。

也许我们从迪厄多内这一方面可以侧面理解，为何麦克莱恩不大认可哈尔莫斯的数学成就了。迪厄多内是著名的布尔巴基（N. Bourbaki）学派的代言人，他们提倡的是一般化、公理化；麦克莱恩曾与布尔巴基的成员艾伦伯格（S. Eilenberg）开创抽象的范畴论，他跟迪厄多内更容易产生共鸣。大致说来，数学家分两类，一类是提问解题者，一类是理论创建者。哈尔莫斯属于前者，布尔巴基成员和麦克莱恩属于后者。

正如哈尔莫斯自己所言，作为数学家，他最大的强项在于，在某些情况下，能看出两个东西“相同”。虽然他对自己的数学成就总的评价并不高，不

---

[17]Halmos 讲矩阵逼近，方资求笔录，吴培元整理，《数学传播》第十六卷（1992 年）第三期，1–10；有电子版，见 http://w3.math.sinica.edu.tw/mathmedia/pdf _a.jsp?m_file=ZDE2My8xNjMwNQ。

过他仍然因为曾经发现了一些美妙的东西而感到欣慰。他自认为，他最接近永垂不朽的数学贡献是“if and only if”（当且仅当）的缩写“iff”和表示证明结束的“墓碑”记号 ■，也称为“哈尔莫斯”。

编辑哈尔莫斯

除了教学和研究，哈尔莫斯还积极参与了许多服务，比如当编辑。作为编辑，哈尔莫斯除了与人合作主编 UTM 和 GTM 教学丛书以外，还主编过一些研究成果丛书，以及数学问题集（Problem Books in Mathematics）丛书，盖伊（R. K. Guy）的《数论中未解决的问题》（有中译本）以及《伯克利数学问题集》就属于该丛书。哈尔莫斯还曾在 1982—1986 年间担任著名的普及性数学期刊《美国数学月刊》（*American Mathematical Monthly*，以下简称《月刊》）的主编。《月刊》是世界上发行量最大的数学期刊，而且（据哈尔莫斯推测）可能是读者最多的数学期刊。事实上，如果哈尔莫斯知道，中科院数学所与“中研院”数学所各自主编的普及性刊物《数学译林》与《数学传播》有很大一部分文章就译自《月刊》的话，他就不会那么保守了。

《月刊》分五个专栏：阐述性文章（Expository Articles）、注记（Notes）、问题与解答（Problems and Solutions）、书评（Book Review）和数海拾贝（MathBits）。除了阐述性文章，哈尔莫斯还擅长写书评。他曾负责编辑《美国数学会通报》（*Bulletin of AMS*）的书评专栏，而他在 50 年代曾写过 14 篇书评（例如评过波利亚的《数学与猜想》）。1988 年，美国数学会成立一百周年，哈尔莫斯写过一篇精彩的书评《友谊地久天长的数学书》[18]。

哈尔莫斯在任期间，为这份刊物倾注了许多心血。美国数学协会曾专门设立一个针对《月刊》中优秀综述文章的奖项，名叫哈尔莫斯–福特奖（Paul R. Halmos - Lester R. Ford Awards）[19]，以表示对两位主编哈尔莫斯和福特（Lester R. Ford，在 1942—1946 任主编）工作的高度认可。2016 年，陆志勤与其合作者罗利特（Julie Rowlett）以其文章《对称的声音》[20]而荣获这一奖项，这是华人首度荣获此奖。2018 年，威廉姆斯（Kenneth S. Williams）的获奖论文“Everything You Wanted To Know About $ax^2+by^2+cz^2+dt^2$ But Were Afraid To Ask”还特别介绍了哈尔莫斯 1938 年的数论工作，并关

[18] Some books of auld lang syne, *A century of mathematics in America, Part I*, pp. 131–174, Hist. Math. 1, Amer. Math. Soc., Providence, RI, 1988.

[19] 哈尔莫斯–福特奖的前身是福特奖，可见 http://www.maa.org/programs/maa-awards/writing-awards/paul-halmos-lester-ford-awards。

[20] Zhiqin Lu and Julie Rowlett, *The Sound of Symmetry*, The American Mathematical Monthly, vol. 122, no. 9, November 2015.

注到其中的错误。

认可与回报

早在 1944 年，28 岁的哈尔莫斯就写出了人生中第一篇综述文章《概率之基础》[21]，并于两年后获得了美国数学协会颁发的查文尼特写作奖（Chauvenet Prize）[22]。正是这篇文章开启了哈尔莫斯的综述文章写作的生涯，他的代表性综述文章汇集在其论文选第二卷《综述写作》[23]，其中有许多名篇都已经译成中文，如前文提到的《数学的心脏》、《解题的教学》[24]、《如何写数学》[25]、《如何讲数学》[26]等。

如前所述，哈尔莫斯既是数学家，也是教师、编辑和作者，而且他自认为他作为作者的成就是最高的。除了查文尼特奖，哈尔莫斯还获得了美国数学协会 1983 年波利亚写作奖（George Pólya Award），并两度（1971 年和 1977 年）获得了 MAA 颁发的福特写作奖。事实上，哈尔莫斯由于其阐述性文章方面的杰出贡献而荣获了美国数学会（AMS）1983 年颁发的斯蒂尔数学著述奖（Steele Prize for Mathematical Exposition）[27]，其颁奖词如下：

> 斯蒂尔数学著述奖授予保罗·哈尔莫斯，以表彰他写出了许多处理有限维向量空间、测度论、遍历论和希尔伯特空间的研究生数学教材。这些书中有许多是相关课题中用英文的首次系统阐述。这些著作的巧妙风格和内容对北美的数学教学产生了广泛的影响。他关于如何写作、如何谈论和如何发表数学的文章，曾帮助了所有的数学家更有效地交流思想和成果。

对此，哈尔莫斯做了精彩的答谢[28]：

---

[21] *The Foundations of Probability*, The American Mathematical Monthly, Vol. 51, (1944), pp. 493–510.

[22] 历届获奖名单可见 http://www.maa.org/programs/maa-awards/writing-awards/chauvenet-prizes。到目前为止，获得这一奖项的唯一华人是陈省身。

[23] P. R. Halmos, *Selecta II - Expository Writings 1983,* Edited by D.E. Sarason and L. Gillman, Springer, 1983.

[24] *The teaching of problem solving*, 中译文可见《数学译林》第 9 卷（1990 年）第 3 期，256 页。

[25] *How to write mathematics*, 中译文可见《数学译林》第 2 卷（1983 年）第 2 期，85 页。

[26] *How to talk mathematics*, 中译文可见《数学译林》第 9 卷（1990 年）第 4 期，438 页。

[27] 同年获奖的还有陈省身和逻辑学家克林（S. C. Kleene），他们三位获得的是三个不同范畴的斯蒂尔奖：陈省身获斯蒂尔终身成就奖（Steele Prize for Lifetime Achievement）、哈尔莫斯获斯蒂尔数学著述奖，克林获斯蒂尔突出贡献奖（Steele Prize for Seminal Contribution to Research）。到目前为止，获得斯蒂尔奖的华人数学家只有陈省身与林节玄，林节玄在 1982 年获得斯蒂尔数学著述奖。

[28] 此处中译文改动自胥鸣伟老师的译稿《Halmos：他的原话》（作者 J. Ewing），见《数学译林》2009 年第 2 期，148–160 页。

不久前我偶然发现一篇标题为“对两个以上争议进行表决的方法”的文章。你可知道，或者你能猜到，它的作者是谁吗？那么对于一篇标题为“论紧群的自同构”又如何呢？谁写的？第一个问题的答案是道奇森（C. L. Dodgson），更广为人知的名字是刘易斯·卡罗尔（Lewis Carroll），而第二个问题的答案则是保罗·哈尔莫斯。

刘易斯·卡罗尔和我的共同点是，我们都被称作数学家，都努力做研究工作，并且我们都非常认真地努力扩大数学真理的所知范围。为了谋生，刘易斯·卡罗尔当了教师，而仅仅是为了好玩，也因为他爱好讲故事，所以他写了《阿丽丝漫游奇境记》(*Alice's Adventures in Wondeland*)[29]。为了谋生，我当了近 50 年的教师，而只是为了好玩，也因为喜欢，我爱好组织文字和阐明问题，所以我写了《有限维向量空间》。那么结果如何呢？我估计读过“对两个以上争议进行表决的方法”或者“论紧群的自同构”的人屈指可数，然而刘易斯·卡罗尔却因爱丽丝的故事而流芳百世，我也荣获了关于阐述性数学著作的斯蒂尔奖。我不知道尊敬的道奇森先生对于名声是怎样想的，而我本人，则一直受到清教徒般的道德标准的教育：如果某件事好玩，那么做这件事就不应该计较认可与回报。因此结果是，在我确实感到骄傲和快乐的同时，也不禁感到有点忧虑和懊悔。

我喜欢学习，探究，进行理解，而后则是解释，但是接下来的把我所知道的传递给别人往往不太容易；它可能是极其艰难的。要解释某件事，你必须不仅要加进一些东西还要有所保留；你必须知道什么时候讲出全部真实的东西，什么时候跳过正确的思想而说些无伤大雅的闲言碎语。写阐述性文章的困难不在于文章的风格、语句的斟酌，而是结构、文章的组织。诚然，语句是重要的，但是素材的安排，指出它的各部分间的相互关联，以及与数学其他部分的关联，并恰当地强调指出哪些是容易的，而哪些应该加以小心地处理，这些才是重要得多的……

[29]该书被拍成动漫电影，原著有诸多中译本，特别推荐的是，清华四大国学导师之一的赵元任先生的译本《阿丽丝漫游奇境记》，译名为胡适所定。赵元任与胡适、胡明复同在 1910 年入学康奈尔，胡适修农学后转哲学，赵元任修数学后转哲学，胡明复则一直学习数学，并在 1917 年成为近代中国最早的数学博士之一，导师是哈佛大学的博谢。通过群论与代数方程课老师赫尔维茨（W. A. Hurwitz）的介绍，赵元任接触到卡罗尔的著作，后来回到中国工作翻译了《阿丽丝漫游奇境记》及其续集《阿丽丝走到镜子里》。

作为回报、更是对优秀的作者的鼓励，哈尔莫斯和他夫人弗吉尼亚·哈尔莫斯（Virginia Halmos）向美国数学协会慷慨捐助，在 2005 年设立了欧拉图书奖（Euler Book Prize）[30]，以表彰那些改观了公众对数学之认识的通俗书籍作者。之所以命名为欧拉奖，是因为拟定首届颁奖在欧拉诞辰 300 周年的 2007 年。最近国内引进翻译的好几本数学科普书，就荣列欧拉图书奖榜单：《素数之恋》（*Riemann hypothesis: Prime Obsession*）、《普林斯顿数学指南》（*The Princeton Companion to Mathematics*）、《x 的奇幻之旅》（*The Joy of* x）、《魔法数学：大魔术的数学灵魂》（*Magical Mathematics: The Mathematical Ideas that Animate Great Magic Tricks*）、《爱与数学》（*Love and Math*）、《算法霸权》（*Weapons of Math Destruction*）、《改变世界的 17 个方程式》（*In Pursuit of the Unknown:* 17 *Equations That Changed the World*）。

在 2005 年，杜布去世后的第二年，哈尔莫斯夫妇捐助美国数学会设立了杜布奖（Joseph L. Doob Prize）[31]，每三年颁发一次，授予影响深远的研究类书籍的作者。从 2005 年起开始授奖，目前已颁奖五次，2005 年和 2014 年的得奖人分别是瑟斯顿（W. P. Thurston）和维拉尼（C. Villani）。

小结

回顾哈尔莫斯的一生可以发现，一个重要的契机，在于他在普林斯顿的听课笔记得到了冯·诺依曼的赏识，事实上他所有的研究领域都有冯·诺依曼的明显印迹。哈尔莫斯因此而接触到远远高于他得博士学位时水平的数学，不过也许是因为他学生时代学得有点狭窄，以致他终究未能成为一位有足够分量的研究型数学家。试设想一下，如果当初在选择大学时，他选择的是实力雄厚的芝加哥大学而不是伊利诺伊，也许会有完全不同的局面。然而，他似乎有着一颗浪迹天涯的自由的心！哈尔莫斯曾说："学数学的就是要走遍世界。"他的足迹确实也遍布世界各地，有点遗憾的是，他似乎没来过中国大陆，虽然他曾访问过台湾。

哈尔莫斯从小就爱文字胜过数字，常言道三岁看老，他成功地发挥了自己的文字天才，成为一位举足轻重的数学著作家和数学编辑。

哈尔莫斯清晰精炼的数学著作，让许许多多的年轻人受益。例如，普林斯顿大学的数学教授马瑟（J. N. Mather），在高中时代曾自学过不少数学书

[30] https://en.wikipedia.org/wiki/Euler_Book_Prize.

[31] http://www.ams.org/profession/prizes-awards/pabrowse?purl=doob-prize.

籍，但他真正读懂的只有一本，就是哈尔莫斯的《有限维向量空间》。[32]

哈尔莫斯及其合作者主编的 UTM、GTM 丛书已经排列在千千万万个图书馆的数学书架，惠及世界各地一代又一代的数学新人。特别是在中国，世界图书出版公司引进了影印版，为数学系的师生提供了便利。GTM 丛书在国内被作为研究生教材普遍采用，我们期待 UTM 丛书也将得到本科师生的青睐，特别地，笔者这里向所有数学本科生强烈推荐 UTM 第 1 号:《有限维向量空间》。(需要理由吗？——爱一个人需要理由吗，爱一本书需要理由吗？如果需要，那么理由是：这本书会让你大开眼界，发现简练的文字与优美的数学，让你感受到从几何的观点来理解线性代数的激动与喜悦！)

十多年前，我通过他的自传而了解到他最为得意的《有限维向量空间》并开始阅读，此后就成了他的忠实信徒，并且不自觉地逐渐追随他的脚步，尝试数学写作。终于在十年后的今天，我可以写他——我的引路人哈尔莫斯。如果十年前还是本科生的我能够像现在这样有想法，我会写信告诉彼时还健在的他：亲爱的哈尔莫斯教授，我是多么地喜欢您的《有限维向量空间》！而如今，我只能默默在心底说：亲爱的哈尔莫斯教授，您可知道，我对您充满了敬意![33]

致谢

在写作过程中，作者得到香港城市大学的陈关荣教授、交通大学(新竹)的吴培元教授、美国南密西西比大学的丁玖教授、美国劳伦斯伯克利国家实验室邵美悦博士、重庆大学的邵红亮博士、中国传媒大学的陈见柯博士、上海大学的林明华博士、香港科技大学李健贤教授、浙江省永嘉县永临中学的叶卢庆老师和西北农林科技大学的汪逾淋同学的批评指正和有价值的建议，特表感谢！

---

[32]引自库克(M. Cook)《当代大数学家画传》(林开亮等译，上海世纪出版集团，2015 年)：

高中时，我对数学的兴趣引发我从多佛出版公司和普林斯顿大学书店购买了各种各样的数学书。我买来并钻研了莱夫谢茨(S. Lefschetz)的《拓扑学》、谢瓦莱(C. Chevalley)的《李群》第一卷、卡迈克尔与伯恩赛德(W. Burnside)各自的群论著作、古尔萨(E. Goursat)的三卷英译本《分析教程》与哈尔莫斯的《有限维向量空间》。我记得在这些书上花了大量的时间，因为它们吸引我。然而，只有哈尔莫斯的书我曾深入地学习过，对于其他的书，我所理解的只是一点皮毛。

[33]作为对学习哈尔莫斯的《有限维向量空间》的回报，作者曾写过一篇小论文，线性代数珍宝十三则，《数学传播》第 37 卷第 4 期(2013 年)，65–83；电子版 http://w3.math.sinica.edu.tw/mathmedia/pdf_a.jsp?m_file ZDM3NC8zNzQwNg。

参考文献

[1] P. R. Halmos, *I Want to Be a Mathematician: An Automathography*, Springer-Verlag, 1985.

后记

本文初稿完成于 2016 年，在 2019 年 8 月最后修订时更新了部分内容。我们建议有兴趣的读者读一读哈尔莫斯的自传 [1]，台湾交通大学的吴培元教授曾对此写过一篇书评，见《数学文化》，7 (2016)，113–115。

随着我年岁的增长，我越来越发现哈尔莫斯的这本书读起来令人受益，比如最近我读到哈尔莫斯是如何处理学术生活中最主要的杂务——通信（中译文 450 页），很受启发。作为数学家，哈尔莫斯算不上最成功的，但在教学、写作、交流、编辑等方面，他确实为我们提供了许多宝贵的经验，值得我们学习和借鉴。

岩泽健吉访谈录

采访者:《数学》编辑部

译者: 崔继峰，孙冬伟

岩泽健吉，日本数学家，以在代数数论领域的影响而著名。岩泽最为人所知的是提出岩泽理论，这是他从 20 世纪 50 年代后半叶开始研究分圆域时提出的。在此之前，他主要研究李群与李代数，引入了一般的岩泽分解。

以下访谈内容于 1993 年 10 月发表在日本数学期刊《数学》(*Sugaku*) 第 45 卷第 4 号上。

在岩泽健吉（Kenkichi Iwasawa）教授家的两小时访谈。

《数学》的主编饭高（Itaka）与编辑中岛（Nakajima），邀请了藤崎（Fujisaki）一同于 1993 年 3 月 18 日下午两点去岩泽教授家里拜访。他的家位于东京目黑区一处幽静的住宅区中。我们一起聊了许多方面的话题。

岩泽： 首先，我回忆一下我的个人经历。我出生于 1917 年（大正 6 年），并于 1937 年考入东京大学。那时，大学的学制是 3 年，因此我 1940 年大学毕业。之后，我进入东京大学研究生院并成为一名研究助理。1941 年 12 月，太平洋战争爆发，破坏了原本宁静的学习和研究氛围。1945 年 3 月，在小平（Kodaira）[1]教授父亲的帮助下，东大的数学系撤往了位于长野县的诹访。同年 8 月 15 日，太平洋战争终于结束，我们才得以返回东京。但是在那期间，我患上了一种严重的疾病——胸膜炎。整日卧床高烧不退。在那段时间里，药物极度匮乏，甚至连食物的供给都是问题，因此我周围的人都为我担心至极。幸运的是，我找到了一位好医生，使我在 1946 年秋基本痊愈了。医生嘱咐我多休息一段时间，1947 年 4 月，我返回大学继续学习。

从我的学生时代起，我就对群论非常感兴趣。在末纲（Suetsuna）及弥永（Iyanaga）教授的帮助下，我们的讨论小组一起研读了扎森豪斯

[1] 译注：小平邦彦（Kunihiko Kodaira，1915—1997），日本著名数学家。在代数几何和复几何领域做出了许多重大的贡献：证明了复曲面的黎曼–罗赫定理，证明了小平消灭定理和小平嵌入定理，对紧复曲面做出了系统的分类，并发展了高维复流形的形变理论。他于 1954 年获得菲尔兹奖。

（Zassenhaus）写的书。那真是一本好书。与此同时，庞特里亚金（Pontryagin）的俄文著作《拓扑群》（*Topological groups*）被翻译成了英文，并由普林斯顿大学出版社出版了。读完了这本书，我逐渐地对拓扑群有了兴趣并开始了对局部紧群的研究。我写了一篇比较长的论文（对我来说是“长文”），将它递交给弥永教授，随后，他将此文转给了谢瓦莱（Chevalley）。谢瓦莱亲切地回复了我，说我做得很好，同时也指出文中一些论证是模糊的。我为此十分高兴。这篇论文[2]于 1949 年发表于《数学年刊》(*Annals of Mathematics*) 上。我想，文章的发表与谢瓦莱的帮助是密不可分的。

1950 年，战后的第一届国际数学家大会（ICM）在位于马萨诸塞州剑桥市的哈佛大学和麻省理工学院召开。我被邀请做一个关于我论文中拓扑群的演讲。在那段时间——战后 5 年，人民的日常生活异常艰难。尽管我被邀请了，但我一度为是否有合适的衣服出席会议而烦忧。

几乎在我收到国际数学家大会邀请函的同一时间，我也收到了一封来自普林斯顿高等研究院莫尔斯（Morse）教授的邀请函。莫尔斯教授知道我将要参加国际数学家大会做报告，因此邀请我在国际数学家大会后成为普林斯顿高等研究院（IAS）[3]的临时成员，并在信件中附上了申请表。角谷（Kakutani）两年前就到了普林斯顿高等研究院，当时小平也在那里。中山正（Tadashi Nakayama）也是在战前就到了那里。他们告诉我，普林斯顿高等研究院是一个做学问的好地方，因此我也希望能去那里看看，于是我提交了申请表。

莫尔斯教授在信中提到，普林斯顿高等研究院的成员会得到一笔费用。我提前得到了那笔钱，开始准备出国。但是，我在用英语对话上没有准备好，我害怕在国际数学家大会上用英语做报告。

因此，我决定相较国际数学家大会召开的日期而言，提前几个月到达美国。虽然国际数学家大会要在 8 月末才举行，我早在 6 月就乘船离开日本，抵达旧金山。在那里，我见到了小平，他同准备返回日本的朝永振一郎（Tomonaga）一起来到旧金山。小平和朝永振一郎都是一年前来到普林斯顿高等研究院，但是朝永振一郎只待了一年。能见到小平，我感到很幸运。我们一起乘飞机从旧金山到了芝加哥。但是航线并不寻常，比如，我们去了位于得克萨斯州的厄尔巴索。我还在芝加哥遇到了韦伊（Weil）[4]。

我不得不为韦伊努力工作，坦白地讲，是韦伊逼得我太紧。我在芝加哥

---

[2]这篇名为《论某类拓扑群》（*On some types of topological groups*）的论文与希尔伯特第 5 问题有关。在这篇论文里介绍了“岩泽分解法”。

[3]译注：Institute for Advanced Study。

[4]译注：安德烈·韦伊（André Weil，1906—1998），法国数学家，1940 年证明了对于所有曲线的黎曼猜想。1948 年提出了韦伊猜想。

待了一个多月。在此期间，哈佛大学和麻省理工学院成为数学的中心，而芝加哥也正在建立一个新的数学中心。斯通（Stone）、陈省身（Chern）和麦克莱恩（Mac Lane）也在芝加哥。年轻的学者中有卡普兰斯基（Kaplansky）和西格尔（Segal）。当然韦伊也在其中。除了正常的研讨会外，韦伊还有一个关于数学史的研讨会。我在日本从未参加过这样的研讨会。于是我参加了这个研讨会，陈省身也参加了。他们在讨论一些法国的几何学家，比如蒙日（Monge）、庞斯莱（Poncelet）。韦伊要求每位研究生读一篇庞斯莱论文集中的文章，并在研讨会上做详细的阐述。陈省身也做了一些报告。我之前只知道韦伊是一位杰出的数学家，但现在我也惊讶于韦伊对数学史如此深入的研究，我觉得韦伊是如此的伟大。而那时韦伊也刚刚完成了关于有限域上代数曲线的黎曼假设研究一书[5]。

沿着密歇根湖有一条四车道或六车道的路，韦伊能轻易穿过马路，通过高速车辆滑到海岸对面。他经常让我们跟着他。但是对我们来说，这太危险了，我们可不像他那样能够轻易做到。

韦伊告诉我，纤维空间在数学上将会变得很重要，并推荐我去读一些书。韦伊也友善地指导我在国际数学家大会上的报告。

离开芝加哥后，我和小平一起去了普林斯顿，找了一个住处，然后去了剑桥。8 月末，国际数学家大会如期举行。那一刻，我就像第一次来到大城市的乡巴佬。在报告期间，太多的人互相大声地讨论着，而我根本听不懂他们在说些什么。对于报告中的英文，我也完全不懂。作为邀请嘉宾，我做了关于拓扑群的报告，但我猜测，那些观众对我所说的英语也根本听不懂。我还申请了一个 10 分钟的短时报告，阐述了赫克（Hecke）的 L 函数如何用伊代尔群[6]上的积分表示。就在我的报告结束时，阿廷（Artin）走过来对我说，他的一个学生塔特（Tate）也在做着与我相同的课题。

当然，在日本的时候，我通过阿廷的论文就知道了其人。末纲和弥永教授也跟我提到过他。我对他的印象很好，他高高的个子，为人谦逊坦诚。他似乎能把他所想的准确合理地表达出来。他对我很友好，阿廷在国际数学家大会的专题报告中提到了我的研究工作，我很高兴。在他的报告期间，我见到了塔特。兰格（Lang）[7]当时可能也在那里。

在国际数学家大会结束后，我返回了普林斯顿。小平已经在那里了，他并不是同一年去的，因为他已经在约翰霍普金斯大学执教一年了。矢野健太

---

[5]《代数曲线和阿贝尔簇》（*Courbes algebriques et varietes abeliennes*）。

[6]现在被称为“岩泽和塔特的方法”。在国际数学家大会的论文集中，我们可以找到岩泽的文章《L 函数的一个注记》（*A note on L-functions*）。

[7]译注：兰格（Serge Lang，1927—2005），美国数学家。生于巴黎，哥伦比亚大学教授。兰格的主要贡献在近世代数的各分支和数论方面。

郎（Kentaro Yano）[8]和小平几乎是同时到普林斯顿高等研究院的。矢野战前一直住在巴黎，对欧洲的生活方式极为了解。虽然欧洲人的生活方式与美国人略有不同，但我还是能从他那里学到西方人的很多生活方式，这对于我来说是幸运的。与此同时，维布伦（Veblen）、莫尔斯、外尔（Weyl）[9]、西格尔以及哥德尔（Gödel）都在普林斯顿高等研究院，当然，重量级人物爱因斯坦也在。年轻的学者中有蒙哥马利（Montgomery）和塞尔伯格（Selberg）。那里的每一位都可谓世界顶尖的学者，我非常喜欢普林斯顿，研究院的每一位成员都轻松自由也没有任何职责。研究院大小刚刚好，我非常享受那种轻松愉悦好似家庭般的研究氛围。在研究院的那段时间里，我感到无比惬意。

我在普林斯顿高等研究院工作了两年。我工作的兴趣是拓扑群，这和蒙哥马利的研究相关。不过当时他和齐平（Zippin）一起忙于解决希尔伯特第五问题[10]。在普林斯顿大学的时候，我与蒙哥马利交流和探讨，但事实上，我却时常花时间参加阿廷的研讨会，这颇为刺激。

在学生时代，我就对数论产生了兴趣。受到在芝加哥与韦伊以及在国际数学家大会期间与阿廷的交谈的影响，我开始在数论方面做更多的研究。

如果想了解更多关于那段时间在普林斯顿高等研究院的生活，你可以读一读小平的著作《一位闲散数学家的日记》（*Diary of an Idle Mathematician*，日文版，由岩波书店（Iwanami）出版）。那本书里包含着一些我所遗忘和未提及的东西。

我来谈谈爱因斯坦。爱因斯坦住在小镇和研究院之间的莫色尔大街。他通常步行去研究院。但在下雨天他会搭乘研究院的免费巴士车，这使得我有机会和他交谈——因为我住在小镇上，每天都乘坐巴士。让我印象最深的，是谈及有关原子弹的事情。他很想知道，日本民众是如何看待对长崎和广岛投放原子弹一事的。

1952 年春天，我着手准备返回日本。当时，我们想要出国是很困难的。我想去欧洲看看，不是为了数学交流，纯粹是为了观光旅游。我预订了一张从马赛到横滨的船票，然后我去纽约拿到了去欧洲的签证。但是在 4 月中旬，麻省理工学院的系主任马丁（Martin）教授问我，是否愿意留在美国到麻省理工学院工作。我当时已经决定返回日本。对此，我非常困惑，于是我去咨

---

[8]译注：矢野健太郎（Kentaro Yano），数学家，1912 年生，1934 年日本东京大学数学系毕业。他是日本几何界的权威。著名几何学家小畠守生（M.Obata）、小林昭七（S.Kobayashi）等都是他的学生。著有《几何的有名定理》、《黎曼几何学入门》、《黎曼几何的积分公式》等书。

[9]译注：外尔（Hermann Weyl，1885—1955），德国数学家。20 世纪上半叶最重要的数学家之一。1908 年获博士学位。1913 年受聘为瑞士苏黎世的联邦工学院教授。1930 年回哥廷根继承希尔伯特的教授席位。

[10]译注：不要定义群的函数的可微性假设的李群概念；格利森、蒙哥马利和齐平等于 1952 年对此问题做出了最后的肯定解答。

询像父亲般值得信赖的蒙哥马利，让他给我一些建议。同时，我也询问了之后成为算子代数杰出的领导者之一的年轻数学家卡迪逊（Kadison）的建议。卡迪逊对我很友好，最近我还在期刊上读了他为境正一郎（Shoichiro Sakai）的新书写的书评。这是一篇写得极用心而体贴的书评。在普林斯顿的时候，他就给我留下了深刻的印象。我很怀念那段岁月，卡迪逊比我年少，但他对我的问题思考了很长时间。他的建议是，我应该留在美国继续学习一段时间。最后，我决定留下，去麻省理工学院再待一段时间。我原本的计划是待一两年，但结果却一直在那里待到 1967 年。

维纳（Wiener）[11]教授无疑是当时麻省理工学院最杰出的学者了。马丁（多变量函数论），莱文森（Levinson，函数论，在黎曼假设问题上颇有建树），安布罗斯（Ambrose），怀特海德（Whitehead）以及胡雷维奇（Hurewicz）（同伦理论的奠基人之一）也都在那里。麻省理工学院在拓扑学研究方面有一个强大的团队。有人说 MIT 的意思是麻省拓扑学院[12]。有很多关于维纳的故事。那时，维纳搬到了一套新房居住，但又无意中走回旧宅。门却是锁着的，于是他对房子旁边穿白衣服的姑娘说他是这所房子的主人，但是现在却进不去了。然后姑娘说，我母亲让我来等父亲，并把他接回家。这意味着，维纳不仅忘了自己的新家怎么走，甚至连自己女儿也不认识了。角谷告诉我，千万不要在维纳的车内和他讨论数学，因为即使在开车时，他也习惯挥舞着双手去解释他的想法，而这太危险了。

我于 1967 年返回普林斯顿，一直呆到 1986 年。1987 年，我返回日本。也就是说，我在普林斯顿待了 19 年。这是我所记得的，让我们休息一下吧。

编辑：您能不能告诉我们一些有关您在写作《代数函数论》（*Theory of Algebraic Functions*）一书时的事情？

岩泽：这本书是由岩波书店出版的新系列丛书之一，是弥永教授要求我编写的。我记得，书的内容是我在出国前写的，但脚注是在美国写的。

编辑：书是在 1952 年出版的吗？

藤崎：由吉田（Yoshida）教授编著的《拓扑分析》（*Topological Analysis*）与《代数函数论》（*Theory of Algebraic Functions*）是一同作为新系列丛书一并发行的。我以为许多书将被陆续出版。我在大学生协（COOP）上提前订购了整个系列的丛书，并且还预付了一本书的钱，因为这样会有打折优惠。但是下本书在很久之后也没有被出版，大学生协遗忘了我的订单，因此我的钱也打水漂了。

---

[11]译注：诺伯特·维纳（Norbert Wiener，1894—1964），美国应用数学家，控制论的创始人，在电子工程方面贡献良多。他是随机过程和噪声过程的先驱，又提出了“控制论”一词。

[12]译注：Massachusetts Institute of Topology，其首字母缩写也是 MIT。

编辑： 和我们谈谈您在 L 函数方面的工作吧，就是您在国际数学家大会上所做的报告。

岩泽： 我在学生时代便对数论产生了兴趣。并且我自学了数论的一些知识。当谢瓦莱创造出伊代尔群理论时，他的拓扑理论与现代拓扑理论完全不同。它不是豪斯多夫（Hausdorff）的，单位元的闭包是一个连通分支。阿廷也认为这是一种"错误的拓扑（falsche Topologie）"。如果我们采用现代拓扑学理论并仿照傅里叶分析，那么我们就可以得到 L 函数的函数方程。这与塔特的研究思路极其相似。函数方程很有趣，我更喜欢如下事实：Zeta 函数的收敛性可以推导出伊代尔群的某些商空间的体积是有限的（利用 Dirichlet 单位定理，这等价于理想类群的有限性）。

编辑： 您提出岩泽理论的动因是什么？尤其是 Z_p 扩张理论？

岩泽： 大概在 1950 年，中山正和霍赫希尔德（Hochschild）把群的上同调理论引入到类域论，这项工作有重要的意义。此后，在 1950 年到 1952 年之间，阿廷在普林斯顿大学做了一系列关于类域论的报告。第一年，他讲了局部理论，这部分内容包含在他的著作《代数数和代数函数》（*Algebraic Numbers and Algebraic Functions*）一书里。第二年，阿廷讨论了整体类域论，这个理论随后被发展，并发表于他与塔特合写的名著《类域论》（*Class Field Theory*）。直至现在，我依然认为，我能够参加阿廷的讲座是极其幸运的，他讲座的内容是极优美的，更为重要的是，学习他的思维方式以及他做数学的方法，这对我来讲非常有用。

当时，许多优秀的数学家学习上同调理论，所以我尝试着研究一个不同的主题，就选择了分圆域。我想分圆域是重要的，因为它们也与初等数论有关。从 1950 年到 1952 年在普林斯顿大学的那段日子里，我写了一篇描述阿代尔环的论文（那个时候它还被称为赋值向量环）。在 1967 年我搬到了普林斯顿大学后，我学习了 p 进 L 函数[13]，迪沃克（Dwork）和沃什尼策（Washnitzer）也在那里研究这些[14]。有时候我认为我研究的方向是由偶然因素决定的。

编辑： 我们认为，建立岩泽理论的动机是对数域发展一套类比雅可比簇之于代数曲线的理论。是这样吗？

岩泽： 不是这样的。其实最初我毫无头绪。在我定义了 λ 和 μ 两个不变量后，我才注意到上述类比。因为在 μ 等于 0 时，理想类群的结构与雅可比簇的扭点结构极其类似。对于代数曲线，不变量 μ 总是为 0，但是对于数域

---

[13] 在岩泽的主猜想中扮演着重要的角色。

[14] 藤崎后来从岩泽那里听说这一部分是不正确的。岩泽说，他找到了同年搬去普林斯顿做报告时所用的笔记本。笔记本的内容是关于 p 进 L 函数。这也就意味着岩泽在去普林斯顿之前就已经了解了这些。

上却不是这样的。这似乎与下述事实有关：代数曲线是射影的，而数域则不是（需要添加阿基米德素点）。

编辑：如果您的出发点不是寻找雅可比簇的类比，那么您为什么能够注意到，当我们系统地研究 n 次单位根生成的数域时会有一个好的理论？

岩泽：只要是研究这个领域（分圆域）的人都会自然而然注意到这一点。

编辑：真是这样吗？

岩泽：我们考虑由 p 次单位根生成的数域（当然，假定基域是大家约定好的有理数域）的理想类群的 p 部分，记为 A。我们需要通过类域论和库默尔（Kummer）理论来研究 A。如果 A 中每一个元都为 p 阶，那么不会有任何问题。但是问题在于，A 中的元素可能是 p^2 阶。于是，为了能使用库默尔理论，我们需要研究 p^2 次单位根生成的扩域，以及 p^3 次单位根生成的数域等等。自然地，我们需要研究所有 p 幂次单位根生成的数域。

编辑：谈谈您在美国时的学生生活吧。

岩泽：当我在麻省理工学院的时候，马特森（Mattson，计算机科学）、舒（Schuue，李代数）、哈玛拉（Hamara，来自芬兰）和尼（Knee，积分表示）都是我的学生。在普林斯顿的时候，格林伯格（Greenberg）、华盛顿（Washington）和费列罗（Ferrero）都是我的学生。在普林斯顿的最后一年里，我和德·沙利特（de Shalit）有一个研讨会。此外，在麻省理工学院时，我也是布劳德（W. Browder）和马祖尔（B. Mazur）的本科毕业论文的指导老师。

友善的岩泽夫人给我们做了好吃的糕点。糕点非常美味可口，所以我们吃了很多块蛋糕也喝了很多杯茶，以至于我们忘记了准备好的问题。采访结束之后，我们发现了一些我们本该采访的问题，但是也只能这个样子了。

译者简介

崔继峰，1985 年 12 月出生于陕西榆林，2015 年博士毕业于上海交通大学船舶海洋与建筑工程学院，现任教于内蒙古工业大学数学系。

孙冬伟，1994 年 12 月出生于内蒙古自治区集宁区，现西北工业大学数学系硕士研究生在读。

校译

张超：清华大学丘成桐数学科学中心博士后。

吴帆：日本京都大学数学系博士生。

林开亮：西北农林科技大学数学系教师。

数学科学

黎曼面模空间与霍奇积分漫谈

徐浩

数学家引入模空间是为了研究数学中某些特定对象的分类问题。举个通俗的例子：甜甜圈可以看成一种曲面，数学家对其上的一种几何结构——复结构感兴趣（复结构好比各种口味的果酱）。人们发现所有不同的复结构可以放在一起组成一个空间（想象货架上摆放的各色果酱，要求没有两瓶果酱是相同的），满足邻近的复结构连续变化（桔味果酱边上必须摆的是香橙、橘子或者柚子果酱）。数学家研究模空间上的一种特殊函数，叫作模形式（定制的多味果酱甜甜圈），这在英国数学家怀尔斯证明费马大定理的工作中起了关键的作用。了解模空间的局部结构需要研究曲面的形变，即曲面族的概念（如同甜甜圈礼盒套装）。

上面的例子称为椭圆曲线模空间，可以表示为下图中向上延展到无穷的灰色区域，数学家称之为基本域。

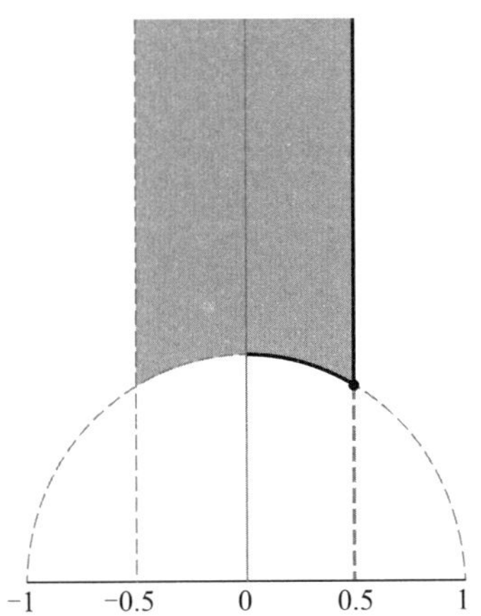

椭圆曲线模空间对应亏格为 1 的黎曼面模空间（没有镜片的眼镜架是亏格为 2 的黎曼面，以此类推）。类似的也存在任意亏格的黎曼面模空间。比如亏格 2 的黎曼面模空间，可以看作球面上选取 6 个不同点的所有可能的方式构成的集合。对于亏格更高的黎曼面模空间，描述起来更加困难。

黎曼面模空间的严格构造，是 20 世纪后半叶数学发展的辉煌成就。但是早在 1857 年，黎曼就计算出了亏格 g 黎曼面模空间的维数等于 $6g-6$，预言了它们在数学中的重要性。即使只对单个黎曼面的性质感兴趣，模空间也是有用的工具。这一点比较好理解，我们可以通过观察朋友圈，更全面地了解一个人。

19 世纪末到 20 世纪初期的意大利和德国代数几何学家受黎曼影响，在工作中广泛应用黎曼面模空间，虽然许多证明并不严格，而且连模空间的定义都很模糊的情况下，依然得到一些漂亮的结果。没有桥只能先摸着石头过河的例子在数学上有很多。比如有限单群分类中最大的散在单群——魔群的构造直到 1982 年才给出，但是人们很早就预测它的存在，还计算出它有 194 个不可约表示，启发了 McKay 在 1978 年发现月光魔群猜想。

霍奇积分与威滕猜想

黎曼面模空间至今仍有许多待解难题。前面提到形变理论可以研究模空间的局部结构，而窥探黎曼面模空间整体几何性质的一种办法是通过计算其上的各种霍奇积分。自从牛顿和莱布尼茨在 17 世纪引入积分的概念以来，积分早已不仅仅局限于欧氏空间。流形、测度空间、模空间上的积分已经是数学和物理学的常规工具。甚至积分值也可以不再是数，比如 Motivic 积分得到的是代数簇。

由于黎曼面模空间的复杂构造，传统代数几何方法面对霍奇积分束手无策。许多年来数学家只能计算一些特殊的简单霍奇积分。直到 1990 年物理学家威滕提出了一个惊人的猜想，可以很轻松地计算黎曼面模空间上的一大类霍奇积分。

威滕的想法来自于弦论，研究二维重力理论有两种看似不同却等价的途径——拓扑重力理论和矩阵模型，前者可以用霍奇积分的生成级数表示，后者可以表示成 KdV 方程的解。如果威滕猜想成立，计算霍奇积分就只需要解 KdV 方程就可以了。

以椭圆曲线模空间的霍奇积分为例，我们可以再用甜甜圈和果酱做个类比。一家新开张的甜甜圈店老板想要购买一批果酱，自然要比较各种品牌的价格。不同品牌的果酱总价好比椭圆曲线模空间上不同的霍奇积分。因为是新店开张，老板只能亲自跑去一家家超市查询价格，不但烦琐而且容易出错。这时候一位果酱经销商登门拜访，告诉老板，他这里有所有果酱品牌的价目表，不但送货上门，量大还可以打折……

弦论认为自然界万物的基本单元是一条振动的弦，它在时空中的运动轨迹形成黎曼面。KdV 方程是 19 世纪数学家研究水波提出的方程，它的解已经被研究得很透彻了。威滕猜想破天荒把霍奇积分与 KdV 方程这两个之前毫不相关的领域联系在一起，数学家的欣喜一点不亚于甜甜圈店老板。正可谓“弦舞重力动乾坤，参模空间起涟漪”。

1991 年，年仅 27 岁的孔采维奇在波恩大学访问期间证明了威滕猜想。这是孔采维奇获得 1998 年菲尔兹奖的主要成果之一。威滕和孔采维奇都是同时通晓物理和数学的奇才。威滕本科学的是历史，研究生念过经济、应用数学，然后才读的物理博士。孔采维奇 1992 年获得波恩大学博士学位，也是他生平的第一个学位。

米尔扎哈尼与韦伊–皮特森体积

黎曼面模空间的韦伊–皮特森体积也是一种霍奇积分，与韦伊–皮特森度量和双曲几何有密切联系。

米尔扎哈尼是第一位获得菲尔兹奖的女数学家。她在博士论文中给出韦伊–皮特森体积新的递归公式，并应用之证明黎曼面上给定长度的简单测地线数目的多项式渐近，以及给出威滕猜想的新证明。她把 McShane 等式从环面推广到任意亏格曲面，发展模空间上新的积分方法，用辛约化建立与相交数的联系，这些都是很原创的工作。米尔扎哈尼博士毕业不到 3 年就收到哈佛、普林斯顿、斯坦福、芝加哥大学的正教授职位邀请。

2006 年，加州大学戴维斯分校 Mulase 教授和他的学生 Safnuk 发现，米尔扎哈尼递归公式可以写成一种等价的微分形式。记得刘克峰老师让我读米尔扎哈尼和 Mulase-Safnuk 的文章，我们发现可以把米尔扎哈尼递归公式推广到高次韦伊–皮特森体积。后来我们的工作还被米尔扎哈尼用于研究韦伊–皮特森体积的大亏格渐近展开。

Marino-Vafa 猜想

2001 年两位物理学家 Marino 和 Vafa 通过研究陈–西蒙斯理论和卡拉比–丘空间的大 N 对偶关系，猜测黎曼面模空间上一类霍奇积分的生成级数可以表达为关于对称群表示的组合闭公式。

物理学家认为，目前已知的五种弦理论之间存在对偶关系（即某种变换下的等价关系）。陈–西蒙斯理论和卡拉比–丘空间的大 N 对偶关系是其中一例。陈–西蒙斯理论源自陈省身与西蒙斯关于示性类的工作，是威滕开创的一种拓扑量子场论，在纽结和三维流形理论中有重要应用。西蒙斯在极小子流形、和乐群分类、示性类等领域都有重要贡献。20 世纪 80 年代初期他离开数学创办对冲基金，成为亿万富翁。

刘克峰与刘秋菊、周坚合作，在 2003 年完成了 Marino-Vafa 猜想的证明。Marino-Vafa 公式与威滕–孔采维奇公式相比，前者的霍奇积分更加广泛，而且从 Marino-Vafa 公式出发，可以统一推导出包括威滕–孔采维奇公式在内的许多霍奇积分恒等式。后来，刘克峰与李骏、刘秋菊、周坚合作推广他们的方法建立数学拓扑顶点理论。刘老师的学生彭磐用这一新的理论证明了著名的 Gopakumar-Vafa 猜想。

黎曼面模空间的几何度量

黎曼面模空间的度量，不仅可以告诉我们两个黎曼面之间的距离，而且可以蕴涵许多几何拓扑性质。丘成桐 1977 年证明卡拉比猜想，使得凯勒–爱因斯坦度量成为复几何研究的重要工具，一大批难题得以解决，开创了几何分析的黄金时代。卡拉比–丘空间也成为超弦理论的基石。

推广证明卡拉比猜想的方法，丘成桐在 20 世纪 80 年代初期与郑绍远、莫毅明合作证明黎曼面模空间上凯勒–爱因斯坦度量的存在性。丘成桐还猜测黎曼面模空间上的凯勒–爱因斯坦度量与经典的 Teichmuller 度量、Bergman 度量都是等价的。

刘克峰与孙晓峰、丘成桐合作，通过引进全新的 Liu-Sun-Yau 度量，分析曲率渐近性质，最终证明了丘成桐猜想，并解决了这个领域里许多与度量等价性相关的古老问题。作为推论，还得出模空间对数余切从稳定性的代数几何结果。这个结果代数几何学家至今仍无从下手。

用复解析方法研究代数几何的数学分支被称为超越代数几何。解析方法往往比代数方法更为直观，长期以来大多数深刻的代数几何结果都是最先由解析方法证明的。小平邦彦是超越代数几何的先驱，他在 1953 年用解析方法证明以他名字命名的消灭定理，第一个代数证明直到 1987 年才由 Deligne-Illusie 给出。丘成桐 1977 年发表的文章《卡拉比猜想与代数几何若干新结果》是超越代数几何的里程碑，其中用凯勒–爱因斯坦度量解决了 Severi 猜想和 Bogomolov-Miyaoka-Yau 陈数不等式等众多长期悬而未决的代数几何难题。

法伯猜想

瑞典皇家科学院院士法伯在 20 世纪 90 年代提出关于黎曼面模空间万有环的系列猜想。其中的法伯相交数猜想等价于霍奇积分的一个递归公式。两位美国数学家曾证明这是复射影空间 Virasoro 猜想的推论。但 Virasoro 猜想的证明极复杂且有争议，所以自然人们希望找到更直接的证明。

斯坦福大学瓦开教授与两位加拿大皇家科学院院士 Goulden 和 Jackson 应用格罗莫夫–威滕理论证明了法伯相交数猜想在标示点不超过 3 的情形。

2006 年刘老师建议我结合计算机研究法伯猜想。两年后我们通过威滕–孔采维奇定理找到 n 点函数的递归公式，并用之给出法伯相交数猜想的一个完整证明。

法伯猜想中至今还未解决的是法伯 Gorenstein 猜想，即万有环满足庞加莱对偶。法伯验证了亏格不超过 23 的情形。在高亏格时有两方面的挑战，一方面要找到足够多的万有关系，另一方面要计算期望的 Gorenstein 维数。2009 年刘老师和我给出计算 Gorenstein 维数的新方法，使得验证高亏格法伯 Gorenstein 猜想成为可能。法伯发现在亏格 24 时，法伯–扎吉尔关系式在余维数 12 时恰好比 Gorenstein 维数少 1。阎琪峥博士在带标示点的黎曼面模空间也发现了类似的高亏格缺失关系。自此人们开始认为法伯 Gorenstein 猜想很可能不成立。

总结

本文讲述的内容只是作者有所涉足的黎曼面模空间之冰山一角。黎曼面模空间的研究几乎涉及所有数学分支。如刘老师常对学生说的那样，“模空间的数学都是好的数学。模空间的任何结果都可以流传下来”。黎曼与霍奇是不同时代的大数学家，但他们也有交集，比如霍奇理论中非常重要的霍奇–黎曼双线性关系。霍奇理论是 20 世纪超越代数几何的重要工具，黎曼面的霍奇理论可以追溯到 19 世纪黎曼的工作。

致谢

作者感谢丘成桐教授、刘克峰教授和王善平教授对本文的宝贵建议。

后记

作者在浙江大学数学中心师从刘克峰教授，于 2009 年获得博士学位，现任教于美国匹兹堡大学。作者无比敬佩刘老师的为人、处事和治学。衷心感激刘老师的谆谆教诲和培养之恩。2017 新年再读刘老师的文章《知识技巧与想象力》，读到“想象力比知识更重要”，“做数学永远要顺流而下，要追求轻舟已过万重山般的流畅”两句时感触尤深。本文可看作《知识技巧与想象力》的读后感。撰文之余，作诗一首，与刘门学子共勉。

刘师教诲有感

（徐浩，楼筱静）

玉泉曾经留月影，刘门几度拓华弦。
梅山鹤亭终有径，谦思恪学自成蹊。

（感谢新加坡国立大学韩飞教授对第三、四句诗的启发。感谢浙大数学中心全体师生员工，所有师兄师弟师妹们的友谊。）

参考文献

[1] 刘克峰,《知识技巧与想象力》，http://www.cms.zju.edu.cn/news.asp?id=694.

[2] 徐浩，楼筱静,《刘师教诲有感（附注）》，http://blog.sciencenet.cn/blog-3298437-1027442.html.

zeta 函数的前世 *

André Weil

译者：林开亮

> 安德烈·韦伊（André Weil，1906—1998）是 20 世纪著名的数学家，犹太人，布尔巴基小组创办者之一。他是哲学家西蒙娜·韦伊的兄长。他在许多领域都做出实质性贡献，最重要的是建立代数几何和数论的深刻联系。

本质上希腊人就已经知道，无穷级数可以具有有限和的事实，首先是作为一个哲学悖论（“阿喀琉斯和乌龟”），然后（如果没有更早的话）是阿基米德，他在《抛物线的求积》（*Quadrature of the Parabola*）中给出了一个数学结果（见 [1], pp. 312–315, 命题 24），本质上就是求出了公比为 $\frac{1}{4}$ 的等比级数的和。利用欧几里得《原本》第 9 章命题 35，他本可以同样容易地求出公比为任意的小于 1 的正数 r 的等比级数之和；公比等于 $\frac{1}{2}$ 的情况已经隐含在《原本》第 10 章命题 1 中。

1644 年，明显受到了阿基米德的小册子的启发，托里拆利（Torricelli）在佛罗伦萨出版了他的 *De dimensione parabolae*（他称之为“最老套的课题”），涵盖了相同的范围，不过内容要多得多（[2]，pp. 89–162）。不局限于等比数列，他（[2]，pp. 149–150）给出了下述评注：对任意的“有限或无限”的递减的正数序列，都可以写出一个等式，在有限数列的情形 $(a_0, a_1, \cdots, a_n)$，等式如下：

$$a_0 = \sum_{i=0}^{n-1}(a_i - a_{i+1}) + a_n;$$

这里 a_n 是序列的“最后一个数”，对等比级数，这个“最后的数”理解为

* 原注：在本文中，用现代记号 $\zeta(m)$ 表示无穷级数（不论它是否收敛）

$$1 + \frac{1}{2^m} + \frac{1}{3^m} + \cdots,$$

其中 m 为实数。

"零"；当然，用我们的术语，你可以说，a_n 可以用数列的极限来代替。由此，托里拆利得到了公比小于 1 的等比级数的求和公式的一个漂亮证明。

1650 年，极有可能是受到那条注释的启迪，博洛尼亚的年轻教授、伟大的卡瓦列里（Cavalieri）的继承人门戈利（Pietro Mengoli）出版了一本专门讨论无穷级数的书（[3]）。其标题是 *Novae Quadraturae Arithmeticae Seu De Additione Fractionum*，表面上似乎是参考了阿基米德和托里拆利，事实上本书中没有任何"求积"（即，积分的计算）。几乎完全缺乏代数记号，导致该书非常难读，即便是对同代人来说也是如此（见 [4]）。除了两处例外（我们不久就会给出），全书专门讨论了可以用初等方法——其实就是作为托里拆利等式的应用——求和的无穷级数。第一个例子，这也是一个典型例子，是求出"三角形数" $n(n+1)/2$ 的倒数之和，即，级数

$$\frac{1}{3}+\frac{1}{6}+\frac{1}{10}+\frac{1}{15}+\cdots$$

的和。这里第 m 项自然是

$$\frac{2}{(m+1)(m+2)}=\frac{2}{m+1}-\frac{2}{m+2},$$

因此，前 m 项的和是 $1-\frac{2}{m+2}$，无穷级数的和是 1。

对我们当前的讨论更为重要的是，门戈利证明了"调和级数" $\zeta(1)$ 的发散性，并首次提出了 $\zeta(2)$ 的求和问题。对于后者，他表达了他对下述事实的好奇："三角形数"的倒数可以求和，而"平方数"的倒数则不然。他写道："这需要一个比我更有才能的人的帮助。"不过，对于调和级数的发散性，他给出了一个机智的证明，基于下述不等式

$$\frac{1}{a-1}+\frac{1}{a}+\frac{1}{a+1}>\frac{3}{a},$$

从而就有

$$\frac{1}{2}+\frac{1}{3}+\frac{1}{4}>\frac{3}{3}=1;$$

$$\left(\frac{1}{5}+\frac{1}{6}+\frac{1}{7}\right)+\left(\frac{1}{8}+\frac{1}{9}+\frac{1}{10}\right)+\left(\frac{1}{11}+\frac{1}{12}+\frac{1}{13}\right)>\frac{3}{6}+\frac{3}{9}+\frac{3}{12}=\frac{1}{2}+\frac{1}{3}+\frac{1}{4}>\frac{3}{3}=1;$$

$$\cdots\cdots$$

这表明，调和级数可以分成无限多个部分和（每个部分和的项数分别是 $1,3,9,27,\cdots$），每个部分和都大于等于 1。

门戈利的 *Novae Quadraturae* 似乎完全不为人所知；当代唯一提到它的是在柯林斯（Collins）的一封通信，它包含在奥登伯格（Oldenburg）于 1673 年写给莱布尼茨（Leibniz）的一封信中（[5a], Vol. I-1, p. 39；[5b], p. 85）。柯林斯在那里引用了门戈利的一些结果，并重复了门戈利对 $\zeta(2)$ 的求和的

疑问。然而，与此同时，出现了一些显著进展。首先，1668 年，更以墨卡托（Mercator）闻名的考夫曼（N. Kauffman）给出了“双曲线的求积”（[6]）。他的方法，相当于对级数

$$\frac{1}{1+x}=1-x+x^2-x^3+\cdots$$

逐项积分而得到 $\ln(1+x)$ 的幂级数

$$\ln(1+x)=\frac{x}{1}-\frac{x^2}{2}+\frac{x^3}{3}-\cdots,$$

其中 $0<x<1$。也是在同一年，布龙克尔（Brouncker）通过细致的分析，证明了上述公式对 $x=1$ 也成立（[7]），即

$$\ln 2=1-\frac{1}{2}+\frac{1}{3}-\cdots.$$

（正如后来 Jacob Bernoulli 注意到的，这个级数与 $\zeta(1)$ 密切相关。）然后是牛顿（Newton），在他的 *De Analysi per Aequationes Infinitas*（[8]）中，他将幂级数展开提升为分析学的一个万能工具。很快，莱布尼茨用下述公式得到了“圆的求积”

$$\frac{\pi}{4}=1-\frac{1}{3}+\frac{1}{5}-\cdots.$$

他的证明本质上是对下述级数逐项积分

$$\frac{1}{1+x^2}=1-x^2+x^4-\cdots.$$

莱布尼茨的发现直到 1682 年之前都没有付印，牛顿的发现则发表得更晚。1682 年，莱布尼茨在 *Acda Eruditorum*（[5a], Vol. II-l, pp. 118–122）——正是在他的支持下在莱比锡新创立的期刊——最早的某一卷中，发表了他对 $\pi/4$ 的公式，也提到了上述级数中的其他几个。然后是在 1689 年，当时还未成名的巴塞尔数学家雅各布・伯努利（Jacob Bernoulli），以 *Positiones de Seriebus Infinitis* 的标题，揭幕了他在大学指导的学生的系列“答辩”博士论文，他最终将它们整理成无穷级数的系统论述。他在第一部分重新发现了门戈利关于 $\zeta(1)$ 发散的结果（[9], pp. 375–402），而且与门戈利一样，他表达了对 $\zeta(2)$ 所造成的困难的疑惑。他写道：“它是有限的，可以通过与另一个明显优控它的级数比较看出，然而它的求和比你设想的要困难得多，任何能够得到这个和并告知我们的人，将赢得我们深深的敬意。”

到目前为止，$\zeta(m)$ 中的所有级数，只有 $\zeta(1),\zeta(2)$ 以及偶然出现一次的 $\zeta(3)$ 被提到过。随着雅各布・伯努利 *Positiones* 第二部分（[9], pp. 517–542）在 1692 年的出现，情况发生了变化。因为他还未对任意的实数 x 考虑指数函数 a^x，他令 m 为任意的有理数（可假定是正的）。很明显，他知

道 $\zeta(m)$ 对 $m \geqslant 2$ 收敛，对 $m \leqslant 1$ 发散，因为对 $m=2$ 收敛，对 $m=1$ 发散。我们不清楚的是，他是否知道 $\zeta(m)$ 对 $1<m<2$ 收敛，不过无论如何，他对这一点的处理是完全形式化的（Pos. XXIV, Schol.; [9], pp.529–533）。将 $\zeta(m)$ 分解为两个级数

$$\phi(m)=\frac{1}{2^m}+\frac{1}{4^m}+\frac{1}{6^m}+\cdots,\quad \psi(m)=1+\frac{1}{3^m}+\frac{1}{5^m}+\cdots,$$

他得到

$$\zeta(m)=\phi(m)+\psi(m),\quad \phi(m)=2^{-m}\zeta(m),$$

从而

$$\frac{\psi(m)}{\phi(m)}=2^m-1,$$

这个结果让他在 $m=\frac{1}{2}$ 时得到一个悖论，因为那时将给出 $\psi(m)<\phi(m)$，而 $\psi(m)$ 中的每一项都比 $\phi(m)$ 的对应项要大。他补充道："看来有限的心智无法理解无限!"假使代替这个朴素评论的是对他的结果的下述重新表述

$$\zeta(m)=(1-2^{-m})^{-1}\psi(m),$$

那么他将迈出将 $\zeta(m)$ 写成"欧拉"乘积的第一步。

目前还没有提到对 $\zeta(m)$ 的数值计算，考虑到其缓慢收敛，这是一个极困难的问题。莱布尼茨和雅各布·伯努利关于 $\zeta(1)$ 的部分和求值的冗长而无结果的讨论（[5a], Vol. II-3, pp. 25–27, 32–34, 44–45, 49），不能视为对那一问题的贡献。$\zeta(2)$ 的数值计算在 1728 年和 1729 年分别被丹尼尔·伯努利（Daniel Bernoulli）和哥德巴赫考虑（[10], Vol. Ⅱ, pp. 263, 281–282），他们得到了初步结果，不过很快被欧拉（Euler）改进。

这似乎给了欧拉第一次与 zeta 函数接触的机会。因为大多数问题一直吸引着他的注意，他也从未放弃，所以他很快就做出了一些根本性的贡献（见 [11], pp. 257–276）。首先，他发现了所谓的欧拉–麦克劳林公式（Euler-MacLaurin formula），这使得他能够以很高的精度对 $m \geqslant 2$ 计算 $\zeta(m)$ 以及 $\zeta(1)$ 的部分和（[12], t. 14, pp. 119–122）。不过这对 zeta 函数的理论并没有什么创见，除了首次将伯努利数引入到这一主题中，也只是作为欧拉–麦克劳林公式的系数。

然后是 1735 年，欧拉做出了轰动性的发现：

$$\zeta(2)=\frac{\pi^2}{6}.$$

这是基于代数方程理论对超越方程 $0=1-\sin x$ 的一个大胆应用（[12], t. 14, pp. 73–74）。紧随其后的是，用同一方法对 $\zeta(m)$ 在 $m=4,6,\cdots$ 处的

计算，并利用对三角函数理论的一些贡献最终使得关于 $\zeta(2),\zeta(4),\cdots$ 的结果合法化。1737 年的一篇论文（[12], t. 14, pp. 216–244）则对 $\zeta(m)$ 以及各种同一系列的级数建立了“欧拉乘积”，其中包括

$$L(m)=1-\frac{1}{3^m}+\frac{1}{5^m}-\frac{1}{7^m}+\cdots.$$

欧拉在 1745 年出版的《无穷小分析引论》([12], t. 8）中用了整整一章（第 15 章）来讨论这个主题。由此他推出，或者是他认为他可以推出，$L(1)$ 的无穷乘积（[12], t. 14, p. 233）：

$$L(1)=\prod\frac{p}{p\pm 1},$$

其中连乘积按照递增次序取遍所有的奇素数，正负号的选择取决于 $p\pm 1\equiv 0 \pmod 4$。

从最终意义来看同等重要、但被忽略了近一个世纪的，是欧拉所发现的 zeta 函数的函数方程。这始于 1739 年的下述关系式（[12], t. 14, p. 443）：

$$1-2^m+3^m-4^m+\cdots=\frac{\pm 2\cdot 1\cdot 2\cdots m}{\pi^{m+1}}\left(1+\frac{1}{3^{m+1}}+\frac{1}{5^{m+1}}+\cdots\right),$$

其中 $m=1,3,5,7$。这里等式左边按照欧拉对发散级数的观点来理解，即在这个情形下用现在以阿贝尔求和著称的方法。很明显，这等价于 $\zeta(s)$ 在 $s=2,4,6,8$ 时的函数方程，或者如欧拉曾建议的，$\zeta(s)$ 对所有的正偶数的函数方程。1749 年，在一篇标题为 *Remarques sur un beau rapport entre les séries de puissances tant directes que réciproques* 的论文（[12], t. 15, pp. 70–90）中，欧拉不仅对上述公式给出了一个试探性的证明，还写下了所猜对了的关于任意的自变量值的 zeta 函数的函数方程（或者，毋宁说是与之密切相关的级数

$$(1-2^{1-n})\zeta(n)=1-\frac{1}{2^n}+\frac{1}{3^n}-\frac{1}{4^n}+\cdots$$

的函数方程，这是一回事情），以及像上面一样给出的级数 $L(n)$ 的函数方程，并补充说，后者如同前者一样令人信服，而且也许更容易证明，“因此对一些类似的研究提供了指引”。

欧拉关于这一主题的最后一篇文章，是基于 1752 年展开的一项研究，在 1775 年写成，在他死后的 1785 年才发表（[12], t. 4, pp. 146–153）。它处理了级数 $\sum \pm 1/p$，其中求和取遍所有的奇素数（按照递增的次序），正负号如同 $L(1)$ 的选取，依据 $p\pm 1\equiv 0 \pmod 4$。这里他的出发点是他对 $\zeta(2)$ 和 $L(1)$ 的乘积展开，他知道它们的值 $\zeta(2)=\pi^2/6$, $L(1)=\pi/4$，这给出公式

$$\frac{3\zeta(2)}{4L(1)^2}=2=\prod\frac{p\pm 1}{p\mp 1},$$

因此

$$\frac{1}{2}\ln 2 = 0.3465735902\cdots = \Big(\sum \pm\frac{1}{p}\Big) + \frac{1}{3}\Big(\sum \pm\frac{1}{p^3}\Big) + \frac{1}{5}\Big(\sum \pm\frac{1}{p^5}\Big) + \cdots.$$

等式的右边，第一个级数是待求的，而所有其他级数都是绝对（但缓慢）收敛。欧拉通过与 $L(3), L(5), \cdots$ 比较估计它们的数值，最终得到

$$\sum \pm\frac{1}{p} = 0.3349816\cdots$$

（而在 1752 年，他对这个级数只得到值 $0.334980\cdots$）。考虑到这个事实，以及他此前的一个结果 $\sum 1/p$ 发散，这使他得到结论存在无穷多个形如 $4n+1$ 的素数，也存在无穷多个形如 $4n-1$ 的素数，因此成为狄利克雷（Dirichlet）1837 年关于算术数列的著名论文（[13], Bd. I, pp. 307–343）的序曲。

狄利克雷的论文，以数学严格性——欧拉则很少关心这类问题——而突出，是如此为人熟知，以至于这里不需要再详细评论了。只要指出这一点就够了：基于欧拉 1745 年的《无穷小分析引论》和高斯（Gauss）对于与 N 互素的模 N 乘法群（这里 N 是任意的正整数）的处理，这些论文首次对联系于这些群的特征标 χ 引入了"狄利克雷级数" $L_\chi(s)$，不过它们仅仅对实的 $s>1$ 绝对收敛；事实上它们完全没有考虑这些级数当 s 趋近于 1 的性质。从这里到它们的解析开拓和函数方程还有很长的路。

最后那一步是黎曼（Riemann）在 1859 年迈出的，至少对 zeta 函数本身是如此；不过，领先于他的是对级数

$$L(s) = 1 - \frac{1}{3^s} + \frac{1}{5^s} - \frac{1}{7^s} + \cdots$$

在其条件收敛范围 $0 < s < 1$ 内的函数方程的三个不同证明。瑞典数学家 Malmstén 将他的证明（并提到，一个类似的证明可以对函数

$$(1-2^{1-s})\zeta(s) = 1 - \frac{1}{2^s} + \frac{1}{3^s} - \frac{1}{4^s} + \cdots$$

给出，并回忆起这两个结果欧拉都曾通告过）包含在完成于 1846 年并在 1849 年发表于 *Crelle's Journal* 的一篇长文中（[14]）。Schlömilch 很明显不知道 Malmstén 的论文，好像也不知道欧拉的优先权，在 *Grunert's Archiv* 中作为练习宣布了同一个结果，也出现在 1849 年（[15]）；杂志中把这作为高年级大学生的习题发表出来；1858 年，Clausen 在同一份 *Archiv* 对这个"习题"发表了一个解答（[16]），而后 Schlömilch 发表了他本人的证明（[17]）。

一度曾令人设想，正是这些论文刺激了黎曼研究 zeta 函数；但最近一个更可能的资源出现了（[18]），这就是艾森斯坦（Eisenstein）本人收藏的高斯

的《算术研究》的 Poullet-Delisle 翻译的法文版（巴黎，1807 年）。在那卷书的最后一页空白页，艾森斯坦摘录了 $L(s)$ 的函数方程的另一个证明；它本质上包含了泊松（Poisson）求和对所讨论的级数的一个直接应用，但没有提到任何参考文献或验证；并联合了下述公式

$$\int_0^\infty e^{\sigma\psi i}\psi^{q-1}\mathrm{d}\psi = \frac{\Gamma(q)}{\sigma^q}e^{q\pi i/2} \quad (0 < q < 1,\ \sigma > 0),$$

对此，艾森斯坦引用了狄利克雷（[13], Bd. I, p. 401）。它给出了由在 $x < 0$ 取值为 0 而在 $x > 0$ 取值为 x^{q-1} 的函数的傅里叶（Fourier）变换。

艾森斯坦的证明标有日期“1849 年 4 月 7 日”。因为他没有宣传这个结果是他本人的，所以他很有可能从 Malmstén 或 Schlömilch 获悉了它。不过特别有趣的是，1849 年 4 月，正是黎曼最终离开柏林前往哥廷根的时间。黎曼和艾森斯坦曾经是亲密的朋友。因此，不仅是有可能，而且是非常有可能，在黎曼离开之前，艾森斯坦曾经与他讨论过他 1849 年的证明。如果真是如此，那么这就可能是黎曼 1859 年的论文的源头了。

参考文献

[1] Archimedes. *Opera Omnia...*, Vol. II. J. L. Heiberg, ed., Lipsiae, (1913).

[2] Torricelli. *Opere di Evangelista Torricelli*, Vol. I, Part 1. G. Loria and G. Vassura, eds., Faenza (1919).

[3] Mengoli, Pietro. *Novae Qudraturae Arithmeticae seu De Additione Fractionum*, Bononiae (1650).

[4] Eneström, G. “Zur Geschichte der unendlichen Reihen um die Mitte des siebzehnten Jahrhunderts,” *Bibl. Math.* (III)12:135–148 (1911–12).

[5] [5a] Gerhardt, C. L, ed. *Leibnizens mathematische Schriften*. 6 vols., Halle (1849–63). [5b] Gerhardt, C. L, ed. *Der Briefwechsel von Gottfried Wilhelm Leibnitz*. Berlin (1899); G. Olm, ed., Hildesheim (1962).

[6] Mercator, Auetore Nicoiao Mercatore. *Logarithmotechnia ... accedit vera Quadratura Hyperbolae ...*, Londini (MDCLXVIII).

[7] Brouncker, Lord Viscount. “The Squaring of the Hyperbola by an infinite series of rational Numbers - by that eminent Mathematician the right Honourable the Lord Viscount Brouncker,” *Phil. Trans.* (1668).

[8] Whiteside, D. T., ed. *The Mathematical Papers of Isaac Newton*, Vol. II, Cambridge (1968).

[9] Bernoulli, Jacob. *Opera*, Tomus Primus, Genevae (1744).

[10] Fuss, P.-H. *Correspondance mathématique et physique...*, Vol. II, St. Petersbourg (1843), Johnson Reprint Corp. (1968).

[11] Weil, A. Number Theory: An Approach through History, Birkhäuser Boston (1983). [有中译本《数论：从汉穆拉比到勒让德的历史导引》，胥鸣伟译，高等教育出版社，2010 年。]

[12] Euler, Leonhard. *Opera Omnia*, Series Prima, 27 vols., Leipzig, Zurich (1911–56).

[13] Dirichlet. *G. Lejeune DirichleVs Werke*, Bd. I, Berlin (1889).

[14] Malmstén, C. J. "De integralibus quibusdam definitis seriebusque infinitis," *J. fur reine u. ang. Math.* (Crelle's Journal), **38**:1–39 (1849).

[15] Schlömilch, O. "Uebungsaufgaben fü Schüer, Lehrsatz von dem Herrn Prof. Dr. Schlömilch," *Archiv der Math. u. Phys.* (Grunert's Archiv), 12:415 (1849).

[16] Clausen, T. "Beweis des von Schlömilch . . . aufgestellten Lehrsatzes," *Archiv der Math. u. Phys.* (Grunert's Archiv), **30**:166–169 (1858).

[17] Schlömilch, O. "Ueber eine Eigenschaft gewisser Reihen," *Zeitschr. fur Math. u. Phys.* **3**:130–132 (1858).

[18] Weil, A. *On Eisensteine's copy of the Disquisitiones*, to appear. [译者按: 见 pp. 463–469 of *Algebraic Number Theory — in honor of K. Iwasawa*, Academic Press, Boston, 1989.]

编者按：原文标题"Prehistory of the Zeta-Function"，收入 *Number Theory, Trace Formulas, and Discrete Groups: Symposium in Honor of Atle Selberg, Oslo, Norway, July 14–21, 1987*（第 1–9 页），由 Karl Egil Aubert, Enrico Bombieri, Dorian Goldfeld 编辑, Academic Press, 1989。

重温阿兰·图灵的不可计算 (译注零)*

S. 巴里·库珀

译者：卢卫君

巴里·库珀（S. Barry Cooper）是英国利兹大学数学系教授，图灵百年诞辰咨询委员会主席；他的邮箱地址是 pmt6sbc@maths.leeds.ac.uk。本文是作者访问艾萨克·牛顿数学科学研究所期间为准备“语法和语义：阿兰·图灵的遗产”的研修计划而完成的。

生活在可计算的世界

我们这些年纪够大的人可能还记得，曾经着迷于乔治·伽莫夫 (译注一) 的数学科普畅销作品，尤其是那本最负盛名的代表作《从一到无穷大》。伽莫夫让我们先通过仅有的二维平面经验去想象居住在二维球面的情景，接着通过纯粹的二维观察来理解如何探知三维空间的弯曲特性。图 1 摘自 1961 年出版的《从一到无穷大》书中第 103 页的插图 [14]。

算法 (译注二)，作为穿越四维因果的一种方法，据文字记载以来，已经伴随我们上千年。它们为我们控制和理解日常生活的方方面面提供了秘诀。如今，算法更多以计算机程序 (译注三) 的形式出现。算法或计算机程序都被看作是一种特有的因果维度 (译注四)，于是就产生这样的问题：有没有一种不是算法的因果维度呢？如果有，那么这样的因果维度重要吗？

注意到，伽莫夫的例子表明：一方面居住在二维曲面并发现有第三维度的证据是一件棘手的事；另一方面，这问题的确很重要，因为我们可以找到这种证据。当然，如果我们建立了那张图片所代表的数学模型，那么缺失的维度就会清晰地展现给我们，这样我们就有了一个概观。但是，我们也观察到这个数学概观尽管帮助我们更好地理解弯曲空间的自然属性，但它并没有告诉我们这个模型与我们的世界紧密相关。因此，我们仍然需要从二维世界

---

*2012 年是阿兰·图灵一百周年诞辰，本文有感于他的工作而撰写。有关图灵生平和工作的百年庆典信息，敬请访问网站 http://www.mathcomp. leeds.ac.uk/turing2012。

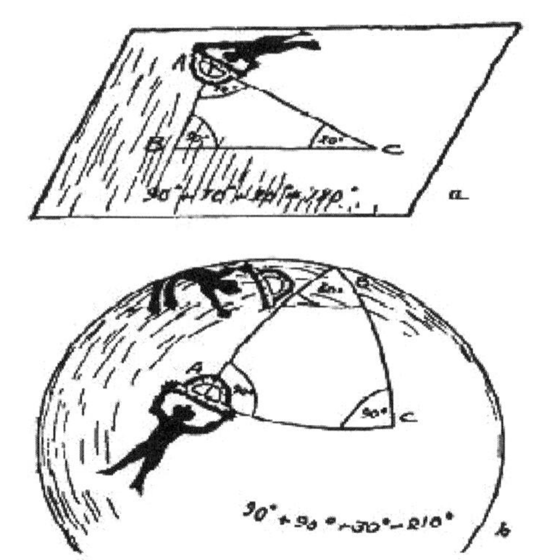

图 1　平坦世界和弯曲的“曲面世界”的二维科学家们分别检查三角形内角和的欧几里得定理

的内部到现实与数学相匹配的角度观照这个平面三角形和球面三角形，尽可能施展三角形模型的全部功能。

追溯到 20 世纪 30 年代，库尔特 · 哥德尔、斯蒂芬 · 克林、阿隆佐 · 丘奇和阿兰 · 图灵等这批先辈们为可计算的因果关系维度建立了数学模型。丘奇和图灵借助这个模型挖掘到这个因果维度之外的维度，并利用他们的模型去探索不可计算的新维度。

阿兰 · 图灵在二十四岁时做出了一个特别重要的部分工作，以一种崭新的类机器模型为平台去研究可计算的扩展部分。这就是让图灵赖以成名的“图灵虚拟机”（简称图灵机[译注五]），在这点上事先没有人能够预见。他的想法是利用哥德尔的编码技术，把虚拟机程序转换成机器能操作的数据。从而诞生了“通用型图灵机[译注六]”，它能够为其他图灵机器编码所输入的数据，然后按照既定指令进行准确的计算。通用图灵机想象为在带子上存储数据和计算程序的特点，让我们在没有人造出一台真正的计算机之前，提早对现代存储程序式计算机的基本工作原理有了本质认识。

图灵机引发了各种问题。如同伽莫夫的例子，图灵机很容易得到数学概观，问题在于让它与现实相匹配。这从属于一个可行性的问题。虽然制造抽象机的玩具化身都很艰难，但聪明的工程师最终还是想出解决问题的办法，比如，宾夕法尼亚州开发的电子离散变量计算机（EDVAC），曼彻斯特大学开发的“婴儿机”（Baby），莫里斯 · 威尔克斯开发的存储结构电子计算机（EDSAC），图灵在英国国家物理实验室（NPL）源于尝试制造一台计算机而开发的导航计算机（Pilot ACE）。但是直到今天，还有一些工程师觉得难以认可图灵享有计算机“发明者”的荣耀。毕竟，约翰 · 冯 · 诺依曼在 1945

年的 EDVAC 报告对计算机历史所产生的影响远大于图灵在计算机研究工作的影响，这一点已经得到更多人的承认。然而，冯·诺依曼在美国加州帕萨迪纳市举行的 1948 西克森研讨会演讲中 [37]，将他发明计算机的功劳归功于图灵 (译注七)。

更为重要的是，计算机改变了我们生活的方方面面，而且强化了我们居住在一个可计算世界里的体验。不可计算性（incomputability）成了一个数学怪异类，成为那些不太关注世俗意义而倾向于有别现实感的硬数学研究学者的游乐场。当然，不可计算性是合乎现实的，它是联络可计算关系的真实存在，有点像依靠可计算的因果关系构建规矩的信息科学世界。

不可计算性的简短历史

可计算性一直伴随着我们。宇宙充满着可计算性，比如，自然规律，它的可计算性能使我们存活于这个世界；生物学算法和学习算法，它们指导着动物和人类的行为规范；可计算的自然常数，如 π 和 e。算法内容（content）赋予自然界无穷的数学特性，同时也为不可计算性打开了方便之门。虽然理查德·费曼不止一次坦言 [13]“不管怎样，可计算性的确是真实的，有形的物理世界是可以用离散化的方式表示的……我们将不得不改变物理的法则”，但是实数持续存在于现实世界的数学当中。

曾有人怀疑我们自身对因果律有感知能力，因此添加神灵的力量来确保这种能力，却使得因果律本身产生了诸多不确定性。质疑可预测因果律的能力，必然倒退到十一世纪和中古时期神学家安萨里的《哲学家的矛盾》，抑或追溯到休谟和巴克莱，抵达现代所感兴趣的突变现象。根据《牛津英语大词典》(1971 版)，第一次记载使用单词“incomputable”的时间可追溯到 1606 年，甚至出现在单词“computable”之前的四十多年。这个术语“computable”直到 20 世纪 30 年代才取得准确含义，随着许多不同模型的形成，它意指一个在自然数集上可计算的函数。正如我们前面已经提到的，正是这些可计算函数使得丘奇和图灵获得不可计算对象的例子 (译注八)。以现在我们所熟知的丘奇–图灵论文，捕捉到的主要观察就是存在一个超强直觉的可计算性概念，这是各种不同体系描述的方式所达成共识的 (译注九)。这是图灵基于图灵机模型（见图 2）在那篇 1936 年发表的论文中仔细论证的论断。哥德尔（提出了递归函数的概念）对这篇论文给出的可计算函数定义的有效性心悦诚服，(毕竟什么能比在抽象计算机上直接计算更接近“可以有效计算”以及算法的基本含义呢？)

正如哥德尔的朋友王浩（美籍华人数学家）所重述的那样 [38，p.96]：

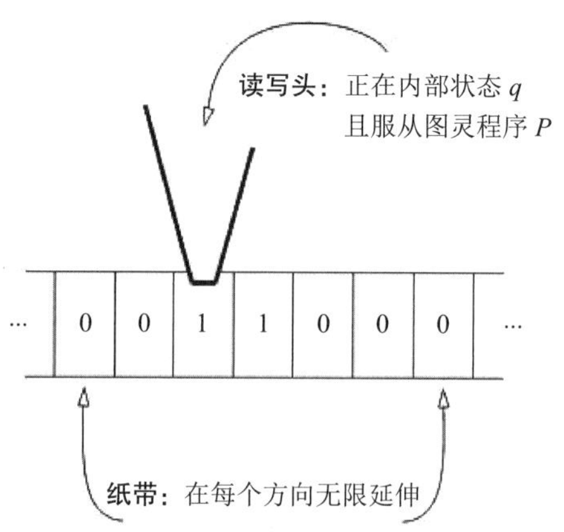

图 2　来自 S. 巴里・库珀《可计算性理论》的图灵机器（Chapman & Hall/CRC，2004）

> 这些年来，G（哥德尔）逐渐地深信 A.M. 图灵的 1936 论文，认定该文抓住了可计算性的直觉概念方面做了确定性工作。在这点上，没见他提及丘奇（提出 λ 转换演算）或 E. 波斯特（提出不可解度这一概念）。他一定已经觉得图灵是唯一给出可靠证据表明可计算的精确概念比较充分……尤其他可能意识到丘奇的‘学位论文’提供的论断并判定这些论断不够充分。显然，G 和图灵是互相敬仰的……

在数学圈内，图灵的论文对希尔伯特的下述著名观点无疑是一记闷棍。1931 年 9 月 8 日，希尔伯特在哥尼斯堡演讲时提出（引自 1997 年约翰・道森的《哥德尔自传》）：

> 对于数学家，没有什么不可知的数学问题，就我个人而言，自然科学也根本不存在不可知的问题……至今还没有人能够找到一个不能解决的问题，我认为真正的原因是因为压根就不存在不能解决的问题。相比于愚蠢的无知论者，以我们的信条宣称：我们必须知道，我们终将知道！

图灵机的通用性意味着它不得不执行许多有瑕疵的程序，有的程序将导致无休止的计算，而人们一般不能告诉程序哪些输入会导出一个合适的计算。通用型图灵机（UTM）的停机问题被证明是不可判定的（译注十）。假如导致 UTM 终止计算的输入集合是可枚举的，你就可以在它运行中逐步设置一列所有可能的计算，并观测到哪些计算输出结果，这使你能够枚举出机器停止的输入次数。但是，这个集合是不可数的，因为你永远不能确定运行的计算总会有不成功的一天。

更为戏剧性的是，各种数学理论都有资格“谈论”我们的通用图灵机。图灵采用自然数字来编码机器的活动，利用哥德尔早期使用的技巧使得皮亚诺算术能够“谈论”自身的模型。最终图灵发现任何合理超强的数学理论都是不可判定的，即这些理论都有一个不可数集。特别地，图灵还给出丘奇定理的一个证明，该著名定理告诉我们不存在计算机程序来测试一个自然语言汇编的陈述句具有逻辑有效性。自此，人们相继建立起大量的不可判定理论。

存在很多自然的不可数集，证明需要超强的技巧，这反映出实在没有其他更好的技巧来证明不可计算性。约翰·米希尔在 1955 年证明了这个事实：不可计算对象中已知的自然例子都趋于同一个方向——可计算性，而且刚好是相互间的符号转换。要不是为了这个事实：不可数集合的所谓通用图灵机原来是既丰富又富有挑战性的数学构造，这将无关紧要；要不是为了最大程度地体现现实世界，那么这种现实体现中大部分可计算特性将会隐藏起来而不为人所知。假如我们设法解决了一个问题，那当然好上加好。假如我们解决不了，那么我们也许永远不知道现实世界还有一丁点具有异于停机问题的不可判定性，或者通过困扰我们至今的某些程序是可以计算的。

识别数学上不可计算性的单纯难度，可由那些告诉我们如此识别本身就是一个高度不可判定问题的结论来解释。这些结论的各成分正是区分数学和现实所关注的方法。对计算理论的逻辑性，图灵基于他和阿隆佐·丘奇在普林斯顿大学一起从事研究的工作，在他那篇震惊世人的 1939 论文中做出了他后来的一个伟大贡献。之后，在遇到一系列不可判定结论的数学与计算科学领域时，不可计算性扮演着一个非常重要的角色。威尔弗利德·西克在《谜的范式：图灵论文的变种》（见 [7]）中，对图灵在游戏、群等判定问题的持续研究兴趣做了精彩的评论。当然，最有名的不可判定结论否定了由马丁·戴维·希尔伯特、尤里·马蒂雅谢维奇、朱利安·罗宾逊和希拉里·普特南共同提出的希尔伯特第十问题 (译注十一)。谁曾想到，一道写入全日制高中算术教材的（丢番图方程解的）存在数量问题，竟会导致任何计算机程序解决不了的问题。

1939 年以后，图灵的研究工作明显比先前侧重包罗万象的抽象转移到根植于实际。数学家们有了停机问题及其变种问题，尽管数学上变得更具有综合性和典范性，而且对日常特设的世界而言有点过于宏大，然而却无法分类日常存在的无穷多复杂化问题。因此，这些理论是没有实际用处的。

从罗伯特·I. 索阿雷的最近论文（比如 [29]）中，我们看到了数学的递归理论周期带有隔离浩瀚的世界又缺失使命感的倾向。而图灵在曼彻斯特大学致力于人工智能、联结式模型和形态发生的研究，包含了洞见未来新生事物的诞生 (译注十二)。

走向不可计算现实的数学步骤

20 世纪 30 年代那些不可判定问题或许提供了一些不可计算对象的例子，但这些例子的数学抽象远未达到牛顿或爱因斯坦等体现数学的高度。同时，来自现实世界的深奥棘手的问题很难服从现有逻辑分析的管束。图灵的研究工作显得那么重要的原因在于他从各类现实世界诸多谜团中抽取出可计算理论的核心方法。他找到了一种诀窍，去攫取内部结构并以全新的方式影像出结构的核心。带有典型特色的是，图灵并没有运用数学，而是在自己探索的上下文背景下建立起模型。在这点上，图灵的确遵循了爱因斯坦（[10], p.54）的观点：当我们说我们已经理解了一组自然现象时，这意味着我们已经建立了包含它们的构造性理论。

图灵的数学经常触及智力的体现。图灵 1939 年发表的论文有很多地方排斥抽象，都是关于哥德尔不完备定理如何在实际中发挥作用。我们注意到哥德尔的算术理论中不可证明的真实语句很容易描述，而通过添加语句来拓展理论的方法却给我们提供一个更广的理论，该理论包含有原先相同描述的不可证明的那些条件语句。这个理论为图灵酝酿扩增迭代计算过程奠定了基石。于是，人们利用克林的可计算序数就可以超有限地扩张这种计算过程。后来，逻辑学家所罗门·费弗尔曼和迈克尔·拉特延等沿着图灵建立的平台延伸到不可计算的情形，使得理论证明达到了超越图灵业已达到的水平。但在实际意义层面上，图灵已找出了他想知道的东西。图灵坦率的个性引导他自己要做的工作就是隐藏掉那堆抽象物（见图灵的 1939 论文 [33]，pp.134−135）：

> 数学推理可看成是直觉与创造力相结合的训练。在哥德尔之前的时代，有些人认为数学的所有直觉判断完全可以通过有限的推理法则来取代，这样直觉的必要性完全丧失了。然而，在本讨论中，我们却走到了另一个反面极端，不是消除直觉而是创造力。尽管这样，我们的目标始终还是朝着同一个方向……

在数学上产生的结果是，对于如何通过相变进行构造我们的导航路线并且存储这条路线的自组属性所具有的不可计算程度，我们有了一种精妙的分析。正如登山者在攀登过程选择手抓点和落脚点的任意度比算法的有趣程度多得多。这与在各类迥异背景下普利果金等人注意到的计算不可逆性相关联。

数学家们特别感兴趣的是图灵关于不可计算路线到可计算结果的分析。这个分析很符合我们先创造性推演出一些定理随后揭示它们算法的经验。我们的算法依赖证明的模因特性进行推进，这点就像病毒扩散到整个区域一样。从小事实提升到更大事实的基本法则，即愈发深入因果特性逻辑对应，就是数学归纳法。对于理论证明学家而言，归纳法充当关键的角色。他们根据在证明中使用归纳法的复杂程度将定理作归纳分类，发现大多数定理的理论性证明其实很简单。像费马大定理的证明方法，逻辑学家安格斯·麦克因泰尔现在已经能够在一阶算术范围内拟定证明提纲。证明的要点涉及事实的简单增量吸积(译注十三)。证明的这种发现与我们对证明的理解有点不大相同。

我们开始来看一个定义在可计算的边缘上的模式——字面表述为：简单规则，无限迭代，应激形式。这正是图灵后来在自然界观测到并尝试挖掘的数学模型。

担当探测不可计算性的另一个极其重要的数学工具就是谕示(译注十四)图灵机（OTM），它也已经蕴藏在图灵 1939 论文的某一页里。OTM 的想法是允许虚拟机器计算一些相对给定的实际数字，而这些数字是否为可计算数还未知。如果人们看到了利用这个谕示来计算的函数，那他们就构建了以谕示数作为自变量的函数。紧接着的一小步是归纳从一个谕示数计算到另一个谕示数时图灵机做了什么。这为我们提供了一个模拟实际基本计算法则的计算模型，即构成我们了解这个世界如何运作的大多数法则。回顾图灵那篇 1936 年论文中提及的可计算数，谕示机计算了一个实数但有别于另一个实数（注：经典图灵机只能储存可计算数）。我们可以容许图灵机在相对不同的谕示下进行计算，从而结识到计算过程的更高自然类型，并称通过谕示机计算的那些映射为图灵泛函。作用在这些实数上的函数给我们带来了通用图灵机。

事实上，图灵并不是特别感兴趣神谕机在数学方面的发展，尽管他一直专注于计算机的互动。神谕图灵机的发展留给了另外一位开创性人物 E. 波斯特。波斯特收集了那些互相可以计算的数据等价类或不可解度，然后利用图灵泛函类中的实际数据序列诱导出一个序列，获得了一种后来简称为图灵度的著名构造。

我们观察到波斯特结构主要有三方面特点：第一，它非常复杂；第二，如果我们取出一些按照实际可计算数及其计算规则描述的研究域，那么它可纳入通用型图灵机范围，这样限制在通用图灵机下的对应结构便告诉我们某些真实世界的因果结构（类似前面提到的伽莫夫类的二维人类感知到的第三维因果）；第三，我们可视这个模型为一块地带，上面不但可以承载着计算，而且储存的信息在构造计算的形式——计算的再体现——中发挥主导作用。

来自现实世界的消息

图灵在曼彻斯特的最后岁月既目睹了个人形象的黯然失色，也看到了为自己声望崛起以及增强科技影响的日后复兴所播散的种子。今天，他的名声好坏参半，一方面，太多网页和期刊文章报道了图灵做了什么和没有做什么的误导信息；另一方面，在公众的眼里认为拥有图灵和哥德尔这样的数学家对基础科学是件大好事。至于科学本身的走势，图灵的工作以零碎的方式有力地影响了与图灵创造性概念相关的很多不同领域。在 2004 年 10 月期的《美国数学会通讯》上，莉诺·布鲁姆发表了一篇文章很好地描述了“两种传统计算”之间的二分法如下（见“真实数据上的计算：图灵在哪里遇见牛顿”，pp. 1024−1034）：

> 计算理论主要有二类传统方法，大致上，它们沿着平行而不相交的道路发展。一方面，我们有数值分析和科学计算；另一方面，我们有产生于逻辑和计算机科学的传统计算理论。

前者影响了图灵的 1948 论文“舍入误差的矩阵处理”，而后者影响了他那篇 1936 年的图灵机论文。

现在，对于这两种不同贡献代表方法的一致性方面，有越来越多的评估。一方面，我们有一个可控的计算世界；另一方面，我们必须跟近似值和误差打交道。当从离散到连续数据提升信息型结构时，我们失去可靠的立足点但识别突现控制的级别更高。图灵在布莱切利园率先引进贝叶斯代码断裂法，以利于另外调整从复杂世界的挖掘形式中得到的真实数据。

图灵晚期的伟大贡献是从两个不同的有利角度追踪真实世界相变的计算容量。图灵从学生时代起就已经对自然界的突变形成产生兴趣，参见他母亲的阿兰素描“观看雏菊生长”（图 3）。

图 3　阿兰·图灵母亲素描，图灵1923年在苏塞克斯的黑泽尔赫斯特预备学校。图片蒙舍伯恩学校提供

彼得·桑德斯在即将出版的《阿兰·图灵——他的工作和影响》（[7]，由库珀和冯·列文编辑）的一段简短介绍中讨论了图灵对形态生成感兴趣方

面的动机和背景阅读。桑德斯写道：

> 明显疑问是问及图灵究竟为什么去做“形态生成的化学基础”这样的问题。形成模式，虽然对生物学家来说可能很有趣，但从图灵的个性取向来看，似乎并不是那类值得他付出时间和精力的基本问题。其实，这个答案很简单，他不把形成模式当作纯粹的难题而是作为一种解决他在考虑什么是生物学中至关重要的问题的方式。正如他曾对他的学生罗宾·甘迪所说的，他的目的是为了“驳斥（模式形成是）来自设计的论断”。

图灵似乎想增加计算收敛极限到达尔文的进化论当中，而不是让机会留给上帝去收拾。在同样的那册书，菲利普·麦尼概述了图灵用这个形态形成模式从简单的算法成分中获得了复杂的结果：

> 阿兰·图灵的论文“形态生成的化学基础”[35] 在很多领域产生了巨大影响。在该文中，图灵提出生物模式生成源于对化学初始模式的反应。化学初始模式就是由现在称为扩散驱动不稳定性（见图 4）的处理依次建立起来的。这个工作的天才想法在于他先考虑缺失扩散时系统是稳定的，接着表明在加入扩散的情况下，原本处于自然稳定状态的系统居然引起了不稳定性。可见，它是各部分的整合，各部分可以理解为如同胚胎的各部分发展一样具有决定性——模式的出现或自组织作为个别部分互相影响的

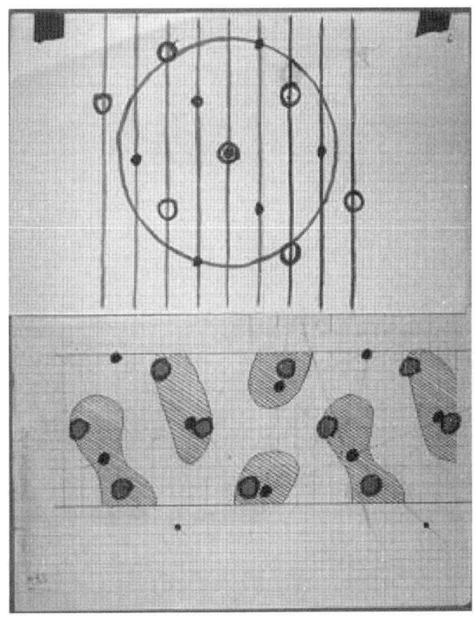

图 4　图中显示带斑点的模式和计算，由图灵结合形态发生的工作进行制作。承蒙P. N. 伯班克提供

结果。为了看出他所生活的时代对科学认识有多超前，人们不得不注意到只有到了生物系统学的基因后时代的现在，多数科学界才达成的结论，他在 60 多年前就归纳总结出来了。

自 1952 年以后，科学已经不断往前发展，但是这个基本方法在几乎不受到逻辑学家和计算机科学家这个群体所关注的领域里仍保持强大的影响。

更重要的是，图灵的实例向我们指出了基于突变现象的一般原则。要不是那个时代有诸如 C. D. 布罗德、塞缪尔・亚历山大以及 C. 劳埃德・摩根等这批“英国突现论者”正处于鼎盛时期，相信图灵或许已经成为一名少年突现论者。布罗德和图灵在剑桥大学的研究存在一些重叠。总体来讲, 他们都很有先见之明，知道在高度联系的环境里如何通过简单的规则去寻找复杂的例子。不巧的是，他们取自化学的一些突现例子竟然可以用量子力学来解释。但是，图灵的微分方程让我们对突现的特性和起源有了新的感知，而且还揭示了如何从数学的角度捕捉突现形式。

图灵的那些方程很有可能存在可计算解, 而且它们指向了动物毛皮等突现模式的原理，这对应于基本数学结构上的确定关系。如果人们能够确定自然界的这种关系, 那就有可能期待找到可以观测的具体而直观的存在，正如图灵引领我们去期待可观察的突变现象有好的描述一样。这些描述，如果至少与停机问题给出的描述一样复杂，那可能期望会导致不可数集。通用图灵机相当大的抽象性和自然界突现的神秘性之间有一点类似于分形族。突现现象的类似物得到充分了解后，它们也就有了自己定义良好的数学。由于不同的理由, 突现现象的大部分信息是曼德勃罗特集合（详见图 5）。正如罗杰・彭罗斯在他的 1994 年出版的《皇帝新脑》[26] 中所说的：

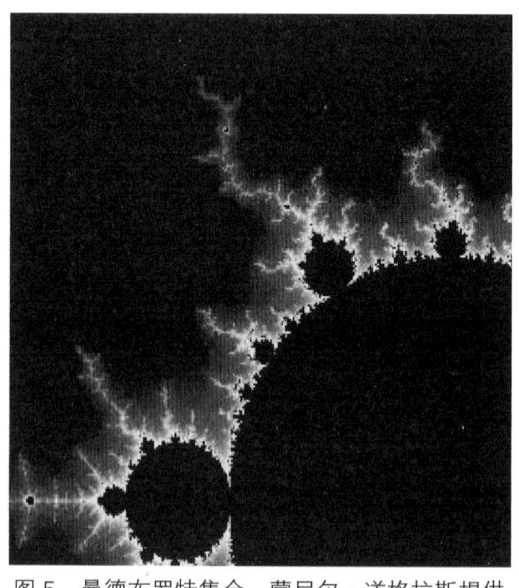

图 5　曼德布罗特集合，蒙尼尔・道格拉斯提供

> 现在我们见证一种格外复杂的类集合，名为曼德勃罗特集合。虽然提供它的定义的规则出奇简单，但它本身展示了一种变化无穷的高度精致结构。

曼德勃罗特集合的定义是建立在复杂数据上的一个简单方程，它的补集的量化形式可以归约成类似于 UTM 停机问题的量化形式。采用这个方式，人们便可以在计算机屏幕上对它进行模拟仿真，获得容易识别的迷人图像。它具有自然现象的视觉体现，是停机问题所欠缺的，这让我们能够欣赏到所遇到的高阶纷乱，正如我们越来越深入地遨游到令人无比惊叹的数学对象。在这个背景下很难明确可计算性这个概念，但是为了可计算分析，曼德勃罗特集的可计算性仍然是一个具有挑战性的开问题。

与图灵要刻画的现实世界的其他级别问题相比较，突现似乎是显得相对直白的数学。人们更加客观地看待突现的整体图像、基本法则和令人惊讶的特性——惊奇是突现的标准之一，虽然还没有适当的定义。基于数学的基本运算，对于与停机问题类不可计算性相关的真实突现，我们倾向于找寻一种量化或非线性的描述。在量化层面上，图灵总是非常感兴趣的，但由于他没有活得足够长的时间去深入了解，确定基本因果关系的问题也不那么容易。从上往下看我们从不确定我们有了整体图像。从模糊量子到熟知经典世界的相变，似乎不仅涉及可界定性还有结构的转移，这里的结构对实体的同步定义有些限制，因为模型理论家们知道这些结构从粒子物理学变迁到其他的科学领域是会消失。已有实验证据表明这类可界定性的崩溃发生在人类的意识当中。作为观察者我们从上下文提到的问题不视作上面的问题但套在里面，尽管现代神经科学正在扩充这类内在视野使之含有大量的有用信息。

图灵在生命的最后几年里，从下面两个方向探索大脑的功能：建立物理联结大脑的数学模型和通过他对智能思维已作的较有名气的讨论。后者引起数学家们特别浓厚的兴趣，而不仅仅与不可计算性有关。

大约就在图灵通过他的层次分析着手探索“直觉和创造力”具有哥德尔定理极限的同时，雅克·阿达玛从更广泛的社会学视角去涉猎非常相似的背景问题。假定数学成果是通过证明以算法的形式给出的，那么相关联的数学思维就成为一个很好的研究案例来阐明“直觉与创造力”的二分法。阿达玛 1945 年写了本书叫《数学领域中的创造心理学》[16]，其主要素材来自于亨利·庞加莱二十世纪初期给巴黎社会心理学协会（Société de Psychologie）的演讲稿。阿达玛叙述了一个明显非算法思维的例子：

> 起初庞加莱徒劳地攻击一个问题近四十天，尝试证明不可能存在这样的函数 ……（引自庞加莱）：“我们到库唐赛斯后，径直到公共汽车站准备去某个地方或别的地方。就在我登上公共汽

> 车的刹那，我突然产生了那个想法，我之前似乎没有任何思虑促成那个想法……我没有立即核实那个想法，继续另一场已经开始的谈话，但我对那个想法确信无疑。在我返回卡昂市的途中，由于意识的缘故，我就在闲暇中验证了结果。”

很多作家关注惊奇和跟理性思维相分离的意识。与庞加莱有“确信无疑”经历的显著例子是图灵 1939 年的论文。庞加莱立刻产生的详细证明早就在他的头脑里整理好了吗？这似乎不太可能。我们从图灵的分析了解到突现的定义过程伴随着一系列证据出现。庞加莱就是在返回卡昂市的途中提取了这些证据中的一个。

同样也可联想到图灵 1939 年的论文，还有往 1952 年论文以及界定自然界突现形式的最终工作。打从 1954 年起，神经系统科学就成为许多研究工作者选择突现作研究主舞台的领域之一。图灵在逻辑结构和物理背景的判定之间所做的联系是他当前思维的一个非凡预见。

处理大脑的联结式模型的底端是基本的物理功能，图灵在这方面做出了突破性的贡献，见那篇未发表的 1948 年国家物理实验室报告“智能机器”[36]。图灵命名的非组织机器，已经被麦卡洛克和皮茨更有名的神经网络捷足先登了，参见克里斯托弗·托伊舍的书《图灵的联结式》，或托伊舍在《阿兰·图灵的史评——他的工作与影响》中关于智能机器的评论 [31]：

> 图灵在他的工作中并没有参考麦卡洛克和皮茨的 1943 年论文，而麦卡洛克和皮茨的论文也没有提及图灵关于非组织机器的工作。他们的研究工作有多少相互影响至今是个开问题。然而，我们不得不假设他们至少意识到各自的想法。我的猜测是由于时运不济和图灵的神经元更简单或更抽象导致他的论文被忽视。

自从图灵时代起，联结式模型已经取得了很大进步。它们对大脑的物理仿真模拟换来了回报。例如，保罗·斯莫伦斯基在他的 1988 年论文“关于联结式的适当处理”[28] 谈到对丘奇论文的强解释断言的可能挑战。当然有名的 1950 年智能论文“计算机器和智能”[34] 成为图灵三篇引用率最高的论文之一。对智能的图灵测试 (译注十五) 伴随着一部戏剧（见图 6）进入流行文化圈，穿着 T 恤衫的学生到处走动宣告“我的图灵测试失败了”的画面。

那么所有这些与不可计算性的数学又有什么联系呢？图灵焦点落在计算的逻辑结构对现代思维产生了巨大的影响。然而在布莱切利园的那段日子，图灵沉浸钻研带有数学体现的很多方法。隐含其中的一个体现方法就是识别当人类和一般智能机器进行信息交流互动或嵌入交流信息当中的反应差别，这种互动反应被当作智能的一个必要属性。参与调查人工智能的人们不得

图 6　乔·史密斯和皮特·里克斯作的图灵测试形象。图片蒙作曲家朱利安·瓦格斯塔夫提供

不采纳这种扩充的、物理的和反映信息的模型。我们从罗德尼·布鲁克献给《阿兰·图灵——他的工作和影响》的稿件“体现智能的案例”中摘录一个简短片段：

> 就我个人而言，图灵的 1948 论文“智能机器”要比 1950 年发表的论文“计算机器与智能”更为重要……关于智能机器的关键的、新颖的洞察力包含两个方面：第一，图灵区分了体现智能与非体现智能……现代研究工作者认真调查智能的体现方法并重新发现以与人类互动作为智能的基础的重要意义。我本人近二十年来的工作，一直致力于这两个想法。

图灵指出通过图灵障碍的办法

阿兰·图灵的工作远未完成。对于图灵，通过算法（当时英国的法则）和不可计算性的不确定影响，轻而易举地结束了那段怪异历史，即没有人能发明出这么一个既服务于数学和科学也效力于他自己国家的人。有些人质疑图灵和该时期的其他杰出人物——哥德尔、波斯特、丘奇、克林——共同创立的学科定为“可计算理论”，因为它原本主要处理不可计算的问题。

图灵（图 7）是他那个时代的一名数学家，致力于来自世界内部的问题，尝试给物理处理和智能处理提出数学方法论。他给出的一个基本模型让我们理解了什么是可以计算的。他观察到计算作为一个有机整体，并发现不可计算是哥德尔不完备定理的扩充。他鼓励我们将宇宙看作能够做计算的实体并从事寻找它的特性，追踪在生物和神经系统科学里类似停机问题的体现。他热爱真理，并以开放性的心态去怀疑他所怀疑的认知。他认为一台机器如果没有期待它的系统是绝对可靠，那就不可能有智能可言。他看到了一台嵌入式计算机的不同之处并被量子理论的神秘计算所吸引。

图 7　1928年16岁的图灵，相片蒙舍伯恩学校提供

图灵没有活得够长，来欣赏斯蒂芬・克林对较高阶类型的计算性调查，但他也许早给出了不可计算性的数学、可判定性和来自于它们的计算之间的联系。他不会看到随机数学理论的繁荣，还有以他名字命名的年度奖项“图灵奖”以纪念他在该学科所扮演的奠基性角色。他永远看不见成千上万的就业者在谈论“图灵机”和“图灵测试”。虽然“不可计算的现实”（如《科学》[6] 的新近描述）仍然是危险地潜伏着，但我们仍然有很多方面用来庆祝 2012 年。

参考文献

[1] S. Alexander, *Space, Time, and Deity*, Vol. 2, 1927.

[2] L. Blum, F. Cucker, M. Shub, and S. Smale, *Complexity and Real Computation*, Springer, 1997.

[3] C. D. Broad, *The Mind and Its Place in Nature*, Kegan Paul, London, 1923.

[4] R. Brooks, The case for embodied intelligence, in *Alan Turing—His Work and Impact* (S. B. Cooper and J. van Leeuwen, eds.), Elsevier, 2012.

[5] S. B. Cooper, *Computability Theory*, Chapman & Hall/CRC Press, Boca Raton, FL, New York, London, 2004.

[6] ____, Turing centenary: The incomputable reality, *Nature*, **482**:465, 2012.

[7] S. B. Cooper and J. van Leeuwen (eds.), *Alan Turing—His Work and Impact*, Elsevier, 2012.

[8] A. R. Damasio, *The Feeling of What Happens: Body and Emotion in the Making of Consciousness*, Harcourt Brace, 1999.

[9] M. Davis, *The Universal Computer: The Road from Leibniz to Turing*, A K Peters/CRC Press, 2011.

[10] A. Einstein, *Out of My Later Years*, volume 48, Philosophical Library, 1950.

[11] S. Feferman, Transfinite recursive progressions of axiomatic theories, *J. Symbolic Logic,* **27**:259–316, 1962.

[12] S. Feferman, Turing in the Land of O(z), in *The Universal Turing Machine: A Half-Century Survey* (R. Herken, ed.), Oxford University Press, New York, 1988, pp. 113–147.

[13] R. P. Feynman, Simulating physics with computers, *Int. J. Theoretical Physics,* **21**:467–488, 1981/82.

[14] G. Gamow, *One, Two, Three⋯Infinity* (1947, revised 1961), Viking Press (copyright renewed by Barbara Gamow, 1974), Dover Publications.

[15] R. O. Gandy, The confluence of ideas in 1936, in *The Universal Turing Machine: A Half-Century Survey* (R. Herken, ed.), Oxford University Press, New York, 1988, pp. 51–102.

[16] J. Hadamard, *The Psychology of Invention in the Mathematical Field*, Princeton Univ. Press, Princeton, 1945.

[17] W. Hasker, *The Emergent Self,* Cornell University Press, Ithaca, London, 1999.

[18] A. Hodges, *Alan Turing: The Enigma*, Vintage, London, Melbourne, Johannesburg, 1992.

[19] J. Kim, *Physicalism, or Something Near Enough*, Princeton University Press, Princeton, Oxford, 2005.

[20] S. C. Kleene, Recursive functionals and quantifiers of finite types. I, *Trans. Amer. Math. Soc.*, **91**:1–52, 1959.

[21] S. C. Kleene, Recursive functionals and quantifiers of finite types. II, *Trans. Amer. Math. Soc.*, **108**:106–142, 1963.

[22] W. McCulloch and W. Pitts, A logical calculus of the ideas immanent in nervous activity, *Bull. Math. Biophys.*, **5**:115–133, 1943.

[23] B. P. McLaughlin, The rise and fall of British emergentism, in *Emergence or Reduction?—Essays on the Prospects of Nonreductive Physicalism* (A. Beckermann, H. Flohr, J. Kim, eds.), de Gruyter, Berlin, 1992, pp. 49–93.

[24] J. Myhill, Creative sets, *Z. Math. Logik Grundlagen Math.*, **1**:97–108, 1955.

[25] P. Odifreddi, *Classical Recursion Theory*, North-Holland, Amsterdam, New York, Oxford, 1989.

[26] R. Penrose, *The Emperor's New Mind: Concerning Computers, Minds, and the Laws of Physics*, Oxford University Press, Oxford, New York, Melbourne, 2002.

[27] E. L. Post, Degrees of recursive unsolvability: Preliminary report (abstract), *Bull. Amer. Math. Soc.*, **54**:641–642, 1948.

[28] P. Smolensky, On the proper treatment of connectionism, *Behavioral and Brain Sciences*, **11**:1–74, 1988.

[29] R. I. Soare, Turing computability and information content, *Philos. Trans. Royal Soc. London, Series A*, to appear.

[30] C. Teuscher, *Turing's Connectionism, An Investigation of Neural Network Architectures*, Springer-Verlag, London, 2002.

[31] _____, A modern perspective on Turing's unorganized machines, in *Alan Turing—His Work and Impact* (S. B. Cooper and J. van Leeuwen, eds.), Elsevier, 2012.

[32] A. M. Turing, On computable numbers with an application to the Entscheidungsproblem, *Proc. London Math. Soc.* (3), 42:230–265, 1936. A correction, **43**:544–546, 1937.

[33] _____, Systems of logic based on ordinals, *Proc. London Math. Soc.* (3), **45**:161–228, 1939.

[34] _____, Computing machinery and intelligence, *Mind*, **59**:433–460, 1950.

[35] _____, The chemical basis of morphogenesis, *Philos. Trans. Royal Soc. London. Series B, Biological Sciences*, **237**(641):37–72, 1952.

[36] _____, Intelligent machinery, in D. C. Ince, (ed.), *Collected Works of A. M. Turing—Mechanical Intelligence*, Elsevier Science Publishers, 1992.

[37] J. von Neumann, The general and logical theory of automata, in: L. A. Jeffress (ed.), *Cerebral Mechanisms in Behaviour: The Hixon Symposium*, September 1948, Pasadena, Wiley & Sons, New York, 1951.

[38] H. Wang, *Reflections on Kurt Gödel*, MIT Press, Cambridge, MA, 1987.

译者注释栏

译注零： 的确存在着一类问题我们人类能构造出来，而图灵机是不能解的。我们知道，图灵机不能解的问题也就是一切计算机不能解的问题，因而这类问题也叫作不可计算的。因此，必然存在着计算机的极限。实际上，根据计算等价性原理，有很多问题都可以被归结为图灵停机问题，也就是说图灵停机问题揭示了宇宙中某种共性的东西，所有那些计算机不能解决的问题从本质上讲都和图灵停机问题是计算等价的。比如希尔伯特第 10 问题就是一个典型的不可计算问题！还有很多问题是不可计算的，尤其是那些涉及计算所有程序的程序。

译注一： 乔治·伽莫夫（George Gamow）世界著名物理学家和天文学家，科普界一代宗师。1904 年生于俄国敖德萨市。1928 年获苏联列宁格勒大学物理学博士学位。先后在丹麦哥本哈根大学和英国剑桥大学（师从著名物理学家玻尔和卢瑟福），以及列宁格勒大学、巴黎居里研究所、密执安大学、华盛顿大学、加利福尼亚大学伯克利分校、科罗拉多大学从事研究和教学工作。1968 年卒于美国科罗拉多州的博尔德。伽莫夫兴趣广泛，曾在核物理研究中取得出色成绩，并与勒梅特一起最早提出了天体物理学的“大爆炸”理论，还首先提出了生物学的“遗传密码”理论。他也是一位杰出的科普作家，正式出版 25 部著作，其中 18 部是科普作品，多部作品风靡全球，《从一到无穷大》更是他最著名的代表作，启迪了无数年轻人的科学梦想。1956 年荣获联合国教科文组织颁发的卡林伽科普奖。

译注二： 算法（algorithm）就是求解问题类的、机械的、统一的方法，可以理解为基本运算——即规定的运算顺序所构成的完整的解题步骤，或者看成按照要求设计好的有限的确切的计算序列，并且这样的步骤和序列可以解决一类的问题。

译注三： 程序（program）是为实现特定目标或解决特定问题而用计算机语言编写的命令序列的集合，是用汇编语言、高级语言等开发编制出来的可以运行的文件，在计算机中称可执行文件（后缀名一般为.exe）。一个程序应该包括以下两方面的内容：1）对数据的描述。在程序中要指定数据的类型和数据的组织形式，即数据结构（data structure）。2）对操作的描述。即操作步骤，也就是算法。著名计算机科学家沃思提出一个公式：数据结构 + 算法 = 程序。实际上，一个程序除了以上两个主要的要素外，还应当采用程序设计方法进行设计，并且用一种计算机语言来表示。因此，算法、数据结构、程序设计方法和语言工具，这四个方面是一个程序员所应具备的知识。

译注四： 人们认为的连续效应，做了某事就会发生某种结果，其中的规律就是因果，每个因果规律，似乎都是人们观察、总结出来的。归因是指人们对他人或自我的行为动机的推论, 是个体对他人或自己的行为过程所进行的因果解释。归因的目的在于能预测和评价人们的行为。因果维度就是通过逻辑和经验分析进行推断，反应因果归因在心理层面上有意义的性质或特征。换句话说，因果维度是辨别感知的因果关系所具有的基础结构，参见 B. Weiner 的 1985 年文章：An attribution theory of achievement motivation and emotion。在本文，译者认为，既然图灵机模型包括输入集合、输出集合、内部状态和固定的程序，输入状态集合就是你所处的环境中能够看到、听到、闻到、感觉到的所有一起；可能的输出集合就是你的每一言每一行，以及你能够表达出来的所有表情动作；内部状态集合包含相应的学习记忆（假如你经历了一件事情并记住了它，那么只要你下一次的行动在相同条件下和你记住这件事情之前的行动不一样了，就说明该事情对你造成了影响，也就说明你确实记住了它），因此这里的维度大概是指输入集合的维数和范围，当然也可能指异常的丰富的输出集合维数，还可能指它非常多的内部状态维数，这点本人找不到相关的文献作证。当然，随着维度的增加，控制它行为的程序可能异常复杂，随着内部的状态数的增加，随着所处环境的复杂度的增加，我们就会逐渐失去对行为的预测能力。

译注五：图灵机是英国数学家 A. M. 图灵于 1936 年提出的一种抽象自动机，用来定义可计算函数类。在数学上递归函数和 λ 可定义函数均等价于图灵机定义的可计算函数。图灵机能表示算法、程序和符号行的变换，因而可作为电子计算机的数学模型，也可用作控制算法的数学模型，在形式语言理论中还可用来研究短语结构语言（即递归可数语言）。可见，图灵机本身不是计算机，而是一种数学模型，看上去和“电脑”毫无关系。图灵机由控制器、存储带和读写头组成。① 控制器：它是一台时序机，即有限自动机，具有有限个内在状态，包括初始状态和终止状态。控制器内存有操作程序，即指令序列，用来驱动存储带左右移动和控制读写头的操作。② 存储带：它是一条可向两端无限延伸的带子，带上分成一个个方格，每一方格可以存储规定字符表中的一个字符，也可保持空白。③ 读写头：它能与存储带进行相对运动，并对存储带进行扫描，每次读出或写入一个字符。读写头与控制器能进行双向通信，即接受控制器的指令，并将扫描结果送到控制器。图 2 中示出图灵机的构造。图灵机有两种基本功能：① 作为函数计算机，它能计算一切可计算函数。例如，如果图灵机的存储带上输入符号串为 n 的编码，经过有限步操作后存储带上的符号串变为 m 的编码，则称该图灵机计算了函数 $f(n)=m$。② 作为语言识别器，它能识别 0 型语言，即递归可枚举集。

译注六：1936 年图灵提出，可构造一种通用图灵机 U 来模拟其他图灵机 T 的计算。如果 U 的存储带上存有表征 T 的形象的符号串，则 U 将在带上写入 T 在计算中得到的各种情况。因此读写头扫描 U 带上的内容即可获得 T 带上的内容。这就表明可用通用图灵机来模拟任何其他的图灵机。1956 年 C. E. 香农证明了，可构造只有两个内在状态的通用图灵机。通用图灵机的概念与通用电子数字计算机的概念等价。通用电子数字计算机是输入程序和数据，然后按程序进行计算。计算的种类由程序决定, 不由计算机决定。通用图灵机 U 也是这样，输入的是数组 (t,x)，这里 t 是图灵机 T 的哥德尔数，即 T 的程序，x 是输入数据。U 对于这个数组的计算与 T 对 x 的计算等价, 所以只要对 U 输入 T 的程序，U 即可进行 T 的计算。1945 年，冯·诺依曼根据通用图灵机的概念提出存储程序式电子数字计算机方案。是否存在一台图灵机能够模拟所有其他的图灵机呢？答案是存在的。这种能够模拟其他所有图灵机的图灵机就叫作通用图灵机，也就是我们所说的“万能图灵机”。这种机器在图灵计算这个范畴内，是万能的！

译注七： 因早在 20 世纪 30 年代，图灵对存在通用图灵机的逻辑证明表明，制造出能编辑程序来做出任何计算的通用计算机是可能的，这影响了 40 年代出现的存储程序计算机即诺依曼型计算机的设计思想。首台完备的图灵计算机 ENIAC（电子数字积分和自动计算机）于 1946 年问世。在 1949 年，冯·诺依曼发表了一篇题为“自动计算机的一般逻辑理论”的论文，客观而公正地阐述了图灵在计算机理论上的重大贡献，他写道：“大约 12 年前，英国逻辑学家图灵就开始研究可计算问题，他准确地给出了自动计算机的一般定义。”

译注八： 可用一个图灵机来计算其值的函数是可计算函数，找不到图灵机来计算其值的函数是不可计算函数。

译注九： 20 世纪 30 年代，为了讨论是否对于每个问题都有解决它的算法，数理逻辑学家提出了几种不同的算法定义。K. 哥德尔和 S. C. 克林提出了递归函数的概念，A. 丘奇提出 λ 转换演算，A. M. 图灵和 E. 波斯特各自独立地提出了抽象计算机的概念（后人把图灵提出的抽象计算机称为图灵机），并且证明了这些数学模型的计算能力是一样的，即它们是等价的。著名的丘奇–图灵论题也是丘奇和图灵在这一时期各自独立提出的。后来，人们又提出许多等价的数学模型，如 A. 马尔可夫于 20 世纪 40 年代提出的正规算法（后人称之为马尔可夫算法），60 年代前期提出的随机存取机器模型（简称 RAM）等。50 年代末和 60 年代初，胡世华和 J. 麦克阿瑟等人各自独立地提出了定义在字符串上的递归函数。**λ 转换演算**是一种定义函数的形式演算系统，是 A. 丘奇于 1935 年为精确定义可计算性而提出的。他引进 λ 记号以明确区分函数和函数值，并把函数值的计算归结为按一定规则进行一系列转换，最后得到函数值。按照 λ 转换演算能够得到函数值的那些函数称为 λ 可定义函数。**丘奇–图灵论题**可计算性理论的基本论题，也称图灵论题，它规定了直观可计算函数的精确含义。丘奇论题说：λ 可定义函数类与直观可计算函数类相同。图灵论题说：图灵机可计算函数类与直观可计算函数类相同。图灵证明了图灵机可计算函数类与 λ 可定义函数类相同。这表明图灵论题和丘奇论题讲的是一回事，因此把它们统称为丘奇–图灵论题。直观可计算函数不是一个精确的数学概念，因此丘奇–图灵论题是不能加以证明的。30 年代以来，人们提出了许多不同的计算模型来精确刻画可计算性，并且证明了这些模型都与图灵机等价。这表明图灵机和其他等价的模型确实合理地定义了可计算性，因此丘奇–图灵论题得到了计算机科学界和数学界的公认。

译注十： 图灵机的停机问题——图灵机根据程序处理初始格局，有的导致停机，有的导致无限格局序列。人们就提出，是否存在一个算法，能判定任意给定的图灵机对任意的初始格局是否会导致停机。这就是著名的图灵机停机问题。图灵在 1936 年证明，这样的算法是不存在的，即停机问题是不可判定的。人们往往把一个问题的判定归结为停机问题，所以停机问题是研究不可判定问题的基础。

译注十一：有没有办法对一般的丢番图方程是否有整数解的问题进行研究呢？或者说，是否可以找到一种普遍的算法，可以用来判定任意一个丢番图方程是否有整数解，从而一劳永逸地解决这类问题呢？这便是著名的**希尔伯特第十问题**。这样的问题在数学上被称为判定问题，因为它寻求的是对数学命题进行判定的算法。希尔伯特是一位对数学充满信念的数学家。在他提出这一问题的时候，虽然没有明确表示这样的算法一定存在，但他没有用“是否存在这样的算法”作为问题的表述，而是直接要求数学家们寻找这样的算法。可见他对存在一个肯定的回答怀有期待。这种期待也与他在其他方面对数学的乐观看法一脉相承。但后来的数学发展却出现了连希尔伯特这样的数学大师都始料未及的变化。

译注十二：译者认为这里应该指的是**互联网的雏形**。

译注十三：吸积（accretion）是围绕年轻恒星的星盘入面的碎片渐渐变大，最后形成行星的过程；即是天体通过引力“吸引”和“积累”周围物质的过程。吸积过程广泛存在于恒星形成、星周盘、行星形成、双星系统、活动星系核、伽马射线暴等过程中。吸积在天体物理学中是比核聚变等其他能源更高效的产能方式。例如发生在黑洞或中子星周围的吸积过程能够将被吸积物质静质量能的 10% 以上转化为辐射的能量。由于被吸积的物质往往具有角动量，因此会形成吸积盘。

译注十四：谕示或神谕（oracle），一种占卜的形式，经过某个中介者，传达神明的意旨（神的指示），对未来做出预言，回答询问。中国的降乩、扶鸾，或者掷杯、求签也是神谕的形式。这里由图灵本人提出的带“黑箱”图灵机，“黑箱”就是一个谕示，经过一个谕示就可以得到一个问题的判定结果。

译注十五：图灵 1950 年发表论文《计算机能思考吗?》，提出著名的图灵试验，可通过问答来测试计算机是否具有类似人的智力。1951 年当选为英国皇家学会会员。为了纪念他对计算机科学的贡献，美国计算机协会 (ACM) 设有图灵奖，每年授予对计算机科学有重大贡献的人。

编者按：本文译自 Incomputability after Alan Turing, S. Barry Cooper, *Notices of the AMS*, 2012, 59(6): 776–784。

复杂随机系统的 KPZ 普适性

I. Corwin

译者：苏中根

伊万·科温 (Ivan Corwin) 是哥伦比亚大学数学教授，克莱数学研究所研究员，微软研究院和 MIT 施拉姆奖学金 (Schramm Fellowship) 获得者。

随机系统的普适性

复杂随机系统的普适性是一个令人关注的概念，在概率论、数学物理和统计力学的研究中起着重要作用。本文将描述各种各样的物理系统和数学模型，其中包括随机增长界面、随机偏微分方程、交通模型、随机环境中路径以及随机矩阵等，所有这些模型在长时间/大尺度下都显现出一个共同的普适性统计规律。这些系统被称作属于 Kardar-Parisi-Zhang（KPZ）普适性类。这些系统 (除随机矩阵外) 的普适性证明大多还未找到。大量的计算机模拟，非严格的物理论证/直观推理，实验室试验以及不太严格的数学证明都为此提供了重要证据。

过去 15 年里，在发现和分析处理一些特殊可解概率模型方面取得了许多突破，由于更强的代数结构，可以对这些模型进行大量精确计算，并最终运用渐近分析得到所谓的 KPZ 类普适性规律。这些系统中所出现的结构大多源于表示论（例如，对称函数），量子可积模型（例如，Bethe 拟解方法），代数组合（例如，RSK 对应），对它们进行渐近分析所需要的技巧主要涉及 Laplace 变换、Fredholm 行列式或者 Riemann-Hilbert 问题渐近性。

本文主要集中讨论与 KPZ 普适性类相关的现象，着重介绍若干详细可解的例子如何帮助扩大普适性范围和提炼普适性概念。首先，我们简单描述 Gauss 普适性类，并给出随机抛掷硬币和随机沉积模型的例子。随机沉积模型的小小扰动会产生弹道沉积模型和 KPZ 普适性类。弹道沉积模型不是可解模型；因此，为了理解它以及整个 KPZ 类的长期性质，我们考虑拐角增长模型。本文其余部分将着重从多方面讨论这一丰富多彩的模型：作为随机增长模型中的代表；与 KPZ 随机偏微分方程之间的关系；通过交互粒子系统加以解释；与涉及随机环境中路径最优化问题之间的关系。按照这一思路，我们讨论该过程的一些推广，它们同样可解。作为本文的结束，我们提出一些尚待解决的问题。

KPZ 普适性类和有关现象以及研究中使用或发展起来的方法，内容丰富，量大面广，这里无法提供全面综述。本文仅从一个方面和一个视角介绍这样一个丰富多彩的研究领域。甚至，列出一些具有代表性的参考文献都超出了本文范围。另外，尽管讨论一些可解的例子，但我们并不描述这些模型背后所隐藏的代数结构和渐近分析方法（即使它们显然是重要的，也是有趣的）。最近关于这些结构的评论性文章包括 [2, 4, 8] 以及其中的参考文献。从更偏向于物理的角度看，综述文献与专著，如 [1, 3, 5, 6, 7, 8, 9, 10] 提供了 KPZ 普适性类研究的一些思想以及它所涉及的诸多领域。

现在，我们以最简单的也是历史上的第一个例子——抛掷硬币和 Gauss 普适性类为例，简要介绍普适性类的一般性概念。

Gauss 普适性类

重复抛掷一枚硬币 N 次。每一串结果（如正、反、反、反、正）都有相等概率 2^{-N}。记 H 表示正面的个数（随机的），$\mathbb{P}$ 表示硬币序列的概率分布。计数公式表明：

$$\mathbb{P}(H=n)=2^{-N}\binom{N}{n}.$$

既然，每次抛掷都是独立的，出现正面的平均个数为 $N/2$。Bernoulli（1713）证明了当 $N\to\infty$，$H/N\to 1/2$。这是大数律的第一个例子。当然，这并不意味着如果你抛掷硬币 1000 次，刚好出现正面 500 次。事实上，抛掷硬币 N 次，出现正面的个数在 $N/2$ 附近随机波动，波动幅度为 $\sqrt{N}$。进而，对所有 $x\in\mathbb{R}$，

$$\lim_{N\to\infty}\mathbb{P}\Big(H<\frac{1}{2}N+\frac{1}{2}\sqrt{N}x\Big)=\int_{-\infty}^{x}\frac{1}{\sqrt{2\pi}}e^{-y^2/2}dy.$$

De Moivre（1738），Gauss（1809），Adrain（1809），Laplace（1812）都曾致力于该结果的证明。该极限分布正是人们所熟知的 Gauss 分布（有时称作正态分布或钟型曲线）。

上述结果可从 $n!$ 的渐近性质推出，而 $n!$ 的渐近公式由 De Moivre（1721）推出，并被称作 Stirling 公式。记

$$n! = \Gamma(n+1) = \int_0^\infty e^{-t}t^n dt = n^{n+1}\int_0^\infty e^{nf(z)}dz,$$

其中 $f(z) = \log z - z$，最后一个等式由变量替换 $t = nz$ 得到。当 $n \to \infty$ 时，该积分由 $f(z)$ 在 $[0,\infty)$ 上最大值所决定。最大值点为 $z = 1$，因此展开得 $f(z) \approx -1 - \frac{(z-1)^2}{2}$，将其代入积分中得

$$n! \approx n^{n+1}e^{-n}\sqrt{2\pi/n}.$$

以上总体思路是把概率的精确表达式写作积分并做渐近分析，这在研究 KPZ 普适性类中可解模型时经常见到，不过那些公式和分析要复杂得多。

Gauss 分布的普适性直到 1900 年左右才由 Chebyschev、Markov、Lyapunov 加以证明。中心极限定理（CLT）表明抛掷硬币这一具体特征并不重要。任何具有有限均值和方差的独立同分布（iid）随机变量和都将遵循同样的极限分布律。

定理 1 令 $X_1, X_2 \cdots$ 为一列独立同分布随机变量，均值为 m，方差为 ν。那么对所有 $x \in \mathbb{R}$，

$$\lim_{N\to\infty} \mathbb{P}\Big(\sum_{i=1}^N X_i < mN + \nu\sqrt{N}x\Big) = \int_{-\infty}^x \frac{1}{\sqrt{2\pi}}e^{-y^2/2}dy.$$

该结果的证明使用了不同于抛掷硬币的那种精确分析，概率论学科的大量内容用于研究由中心极限定理的各种推广所产生的 Gauss 过程。Gauss 分布无处不在，作为许多经典统计学和热力学内容的基础，它已经产生了巨大的社会影响。

随机沉积和弹道沉积

对于一维随机增长界面来说，随机沉积模型是最为简单（但最没有用）的一种模型。单位积木按照指数分布等待时间，在 $\mathbb{Z}$ 的每个点的上方独立平行沉积（见图 1）。

回忆一下，假设 X 是随机变量，如果 $\mathbb{P}(X > x) = e^{-\lambda x}$，其中 $\lambda > 0$，称 X 服从速率为 λ（均值为 $1/\lambda$）的指数分布。该随机变量由无记忆性所刻画——在 $X > x$ 的条件下，$X - x$ 仍然服从指数分布，速率不变。因此，随机沉积模型是 Markov 的——将来的发展规律仅依赖于当前状态（不依赖于它的过去历史状态）。

既然各列独立增长，所以随机沉积模型处理起来非常简单。令 $h(t,x)$ 表示 t 时刻 x 位置上方的高度函数，并假设 $h(0,x) \equiv 0$。令 $w_{x,i}$ 表示 x 列第 i 块积木沉积的等候时间。对任意 n，事件 $h(t,x) < n$ 等价于事件

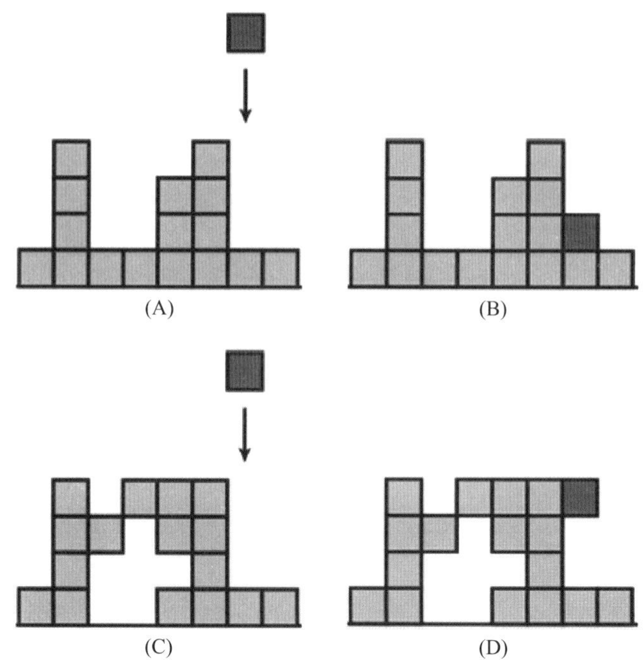

图 1 (A)，(B) 表示随机沉积模型，(C)，(D)表示弹道沉积模型。两种情况下，每个位置上方的积木都独立地经指数等待时间后下降。第一个模型中，积木落在每列的最上方，第二个模型中，积木黏附到首次与它相碰的积木一边

$\sum_{i=1}^{n} w_{x,i} > t$。由于 $w_{x,i}$ 独立同分布，那么大数律和中心极限定理成立。假设 $\lambda = 1$，那么

$$\lim_{t\to\infty} \frac{h(t,x)}{t} = 1, \quad \lim_{t\to\infty} \frac{h(t,x)-t}{t^{1/2}} \Rightarrow N(x)$$

对 $x \in \mathbb{Z}$ 同时成立，其中 $\{N(x)\}_{x\in\mathbb{Z}}$ 是一列独立同分布标准正态随机变量。图 2 的上半部是随机沉积模型的模拟示意图。很明显，各列线性增长，各列之间没有空间意义下的相关性。既然该模型以 $t^{1/2}$ 方式的波动，极限分布为 Gauss 分布，横向空间相关性尺度为 t^0，称该模型属于 Gauss 普适性类。一般来说，波动指数、横向空间相关指数以及极限分布可看作描述普适性类的三要素，与此极限性质相匹配的所有模型都被称作属于同一个普适性类。

尽管 $w_{x,i}$ 分布的变化不会改变模型的 Gauss 分布律（由于中心极限定理），但是增长方式上的变化将破坏 Gauss 分布律。弹道沉积（或黏性积木）模型由 Vold（1959）引入，正如人们在实际增长界面中看到的那样，该模型具有空间相关性。如同前面一样，积木按照指数等待时间沉积；然而，在该模型下，每个积木在沉降过程中一旦与某积木的一边相触及，那么它就和该积木相黏合。图 1 说明了沉积方式。这样产生一些悬空，定义高度函数 $h(t,x)$ 作为位置 x 处上方由某个盒子所占据的最大高度。这种模型在微观上的变化随着时间的推移会表现出什么特点呢？

原来，具有黏性的积木会极大地改变增长过程的极限性质。图 2 的下半部给出了该沉积过程的模拟示意图。Seppäläinen（1999）证明了该模型仍然是线性增长的。进而，通过考虑一个具有宽度为 2 的随机系统的下界，可以看出该模型沉降速度超过随机沉积模型。不过，沉降速度的具体数值仍然未知。

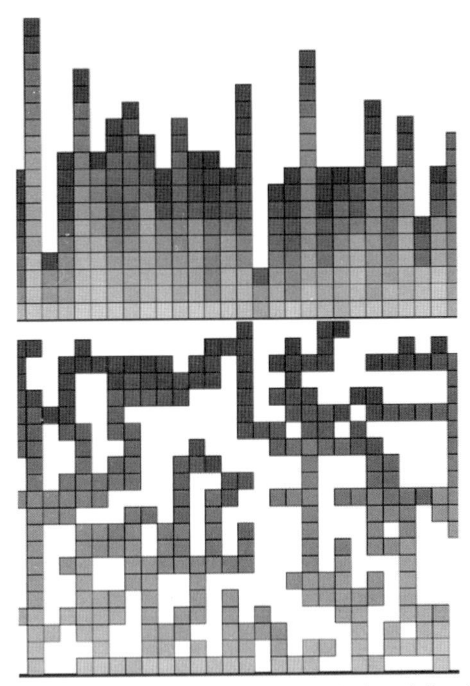

图 2　上半部表示随机沉积模型模拟图；下半部表示弹道沉积模型模拟图，下降的积木过程相同。弹道沉积模型增长快得多，顶部界面更加光滑，空间相关性更强

图 2 中随机模拟（以及图 3 中所展示的长时间结果）表明，$h(t,x)$ 的波动比随机沉积模型的波动要更小，并且在相隔很远的空间位置上高度函数仍然具有相关性。猜想该模型以 $t^{1/3}$ 方式增长，横向在 $t^{2/3}$ 尺度大小范围内存在非平凡的相关性结构。另外，关于极限分布存在一些精确猜想。相对于某些常数 c_1, c_2（目前尚未确定）而言，经过尺度规范化的高度函数序列 $c_2t^{-1/3}(h(t,0)-c_1t)$ 会收敛到所谓的 Gauss 正交系综（GOE）Tracy-Widom 分布。Tracy-Widom 分布可以看作现代版的钟型曲线，这些名字 GOE 或 GUE（表示 Gauss 酉系综）来源于随机矩阵族，其中分布首先由 Tracy-Widom 所发现（1993, 1994）。

弹道沉积似乎不是可解模型，这些精确猜想来自哪里呢？精确猜想来自于几个碰巧可解的类似增长模型的分析！弹道沉积和这些模型具有某些共同特点，它们被认为是 KPZ 类模型的重要特征：

- 局部性：高度函数变化仅仅依赖于相邻的高度；

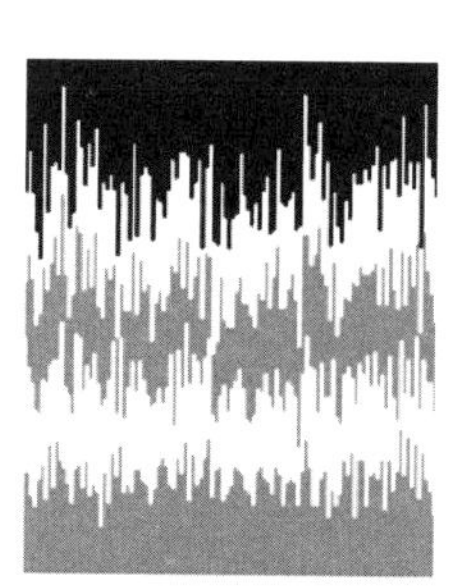
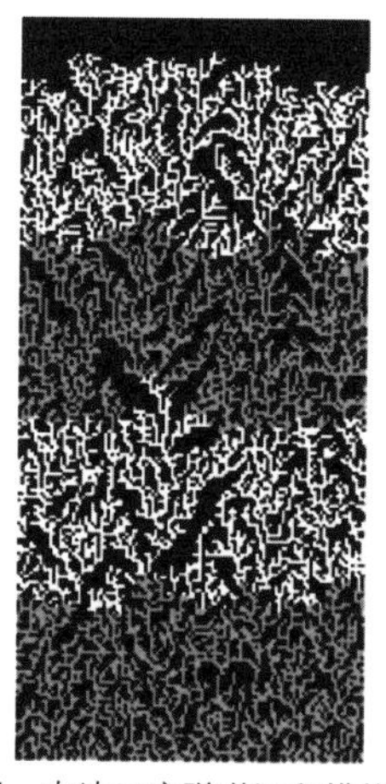

图 3　左边表示随机沉积模型模拟图，右边示意弹道沉积模拟图，下降的积木过程相同，并且运行了相当长时间。灰色和白色代表不同时间段。图中积木大小相同

- 光滑性：大沟壑很快被填满；
- 非线性斜率相依性：垂直方向有效增长速率非线性地依赖于局部斜率；
- 空–时独立噪声：增长由噪声所驱动，噪声很快抵消了空–时相关性，并不呈现出重尾特点。

应该说明清楚，弹道沉积模型的 KPZ 类性质证明从数学上来说远远超出能力范围（尽管模拟强烈暗示着上述猜想是正确的）。

拐角增长模型

我们来看 KPZ 普适性类中可解概率模型的第一个例子——拐角增长模型。随机增长界面由高度函数 $h(t,x)$ 所描述，$h(t,x)$ 连续，逐段线性，由长度为 $\sqrt{2}$ 单位的线段组成，斜率为 $+1$ 或 -1，在整数点处变化。高度函数按照 Markov 动态规律发展，h 的每个局部最小值（看上去像 $\vee$）经过指数分布等待时间后变成局部最大值（看上去像 $\wedge$）。对每个最小值，这独立发生。高度函数的这种变化也可以看作是添加方块盒子（旋转 $45°$）。该模型的进一步解释可参见图 4 和图 5。

楔形初始值意味着 $h(0,x)=|x|$，而扁平初始值（正如对弹道沉积所考虑的那样）意味着 $h(0,x)$ 由周期锯齿函数给定，高度在 0 和 1 之间变化。我们将集中讨论楔形初始值。Rost（1980）关于增长界面证明了下列大数律，其中时间、空间和高度函数都由同一个大参数 L 进行规范化。

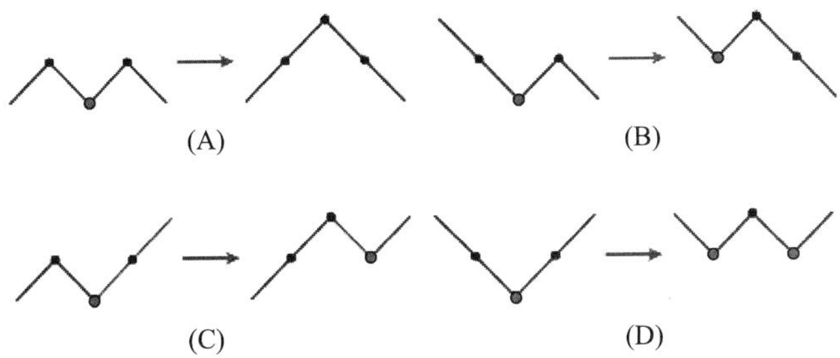

图 4　局部最小变成局部最大的各种方式。灰点代表局部最小值，在该处有可能出现增长

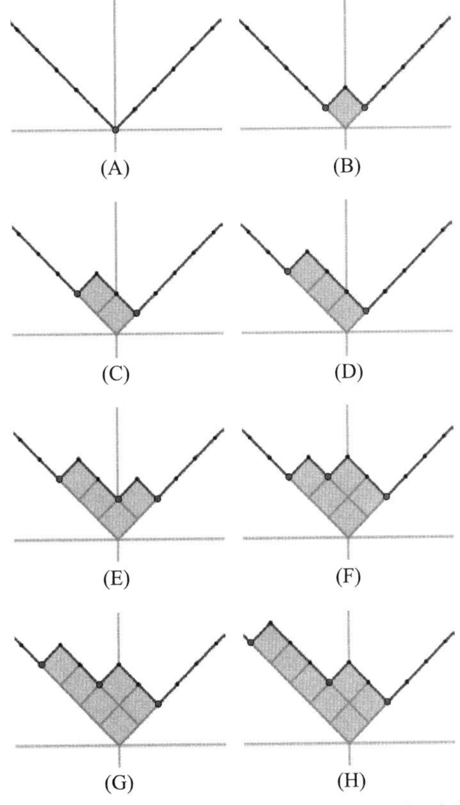

图 5　(A)代表空拐角，拐角增长模型从空拐角开始。仅存在一个局部最小值(灰点)，经指数等待时间后，在它上面填充一个积木，变成局部最大值，如(B)。这样， 在(B)中， 存在两个可能增长的位置（灰点）。每一个都需要经过指数等待时间。(C)表示左边灰点在右边灰点之前变成局部最大值。根据指数随机变量的无记忆性，一旦处于(C)状态，我们可以想着为可能的增长点选择新的指数等待时间。依次类推，经(D)逐步发展到(H)

定理 2　对于楔形初始值，

$$\lim_{L\to\infty}\frac{h(Lt,Lx)}{L}=\hbar(t,x):=\begin{cases}t\dfrac{1-(x/t)^2}{2}, & |x|<t\\ |x|, & |x|\geqslant t.\end{cases}$$

图 6 给出了计算机模拟结果，其中极限抛物线形状清晰可见。函数 $\hbar$ 是

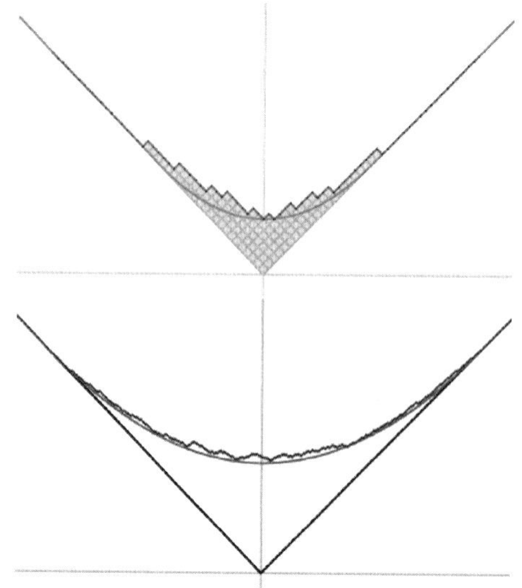

图 6　拐角增长模型模拟图。上半部表示经过适当长时间，下半部表示足够长时间后。深灰色界面是模拟图，浅灰色曲线是极限抛物线。深灰色曲线上下垂直波动幅度阶为$t^{1/3}$，横向相关距离阶为$t^{2/3}$

Hamilton-Jacobi 方程

$$\frac{\partial}{\partial t}\hbar(t,x)=\frac{1}{2}\left(1-\left(\frac{\partial}{\partial x}\hbar(t,x)\right)^2\right)$$

的唯一黏性解。该方程实际上刻画了从任意初始值出发大数律的发展规律。

该模型围绕大数定律的波动被认为是具有普适性的。图 6 表明界面（深灰色）围绕极限形（浅灰色）波动，波动尺度相对来说较小；而横向相关性波动尺度较大。给定 $\varepsilon>0$，定义规范化和中心化高度函数

$$h_\varepsilon(t,x):=\varepsilon^b h(\varepsilon^{-z}t,\varepsilon^{-1}x)-\frac{\varepsilon^{-1}t}{2},$$

其中动态规范化指数为 $z=1/2$，波动指数 $b=1/2$。在这种尺度下，时间:空间:波动相应于 3:2:1，因而这些指数很容易记住。这些都是 KPZ 普适性类的特征指数。Johansson（1999）证明了对每一个固定的 t，当 $\varepsilon\to 0$ 时，随机变量 $h_\varepsilon(t,0)$ 收敛到 GUE Tracy-Widom 分布（参见图 7）。差不多同时，Baik-Deift-Johansson（1999）关于随机排列中最长增加子序列模型证明了类似结果。两年后，Prähofer-Spohn（2001）考虑了这一相关模型，并对给定的 t 和变化着的 x，计算出与 $h_\varepsilon(t,x)$ 的联合分布相类似的结果。

当 $\varepsilon\to 0$ 时，规范化增长过程 $h_\varepsilon(\cdot,\cdot)$ 应当存在极限，在比例 3:2:1 下，该极限一定是不动点。该极限（时常称作 KPZ 不动点）的存在性仍然仅是猜想。不过，关于该极限所具有的性质已经知道很多了。它是一个随机过程，其变化规律依赖于同一比例下初始值的极限。一般初始值下的单点分布，楔

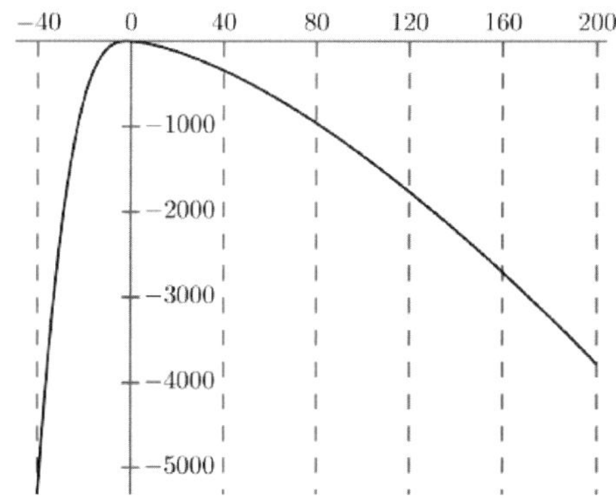

图 7　GUE Tracy–Widom 分布密度（上）及其对数（下）。尽管密度曲线看上去像钟型曲线（或Gauss曲线），这种比较可能引起误解。分布的均值和方差近似是 −1.77 和 0.81。密度曲线尾部（正如下方密度对数显示的那样）按$e^{-c_-|x|^3}$（$x\ll 0$），$e^{-c_+|x|^{3/2}}$（$x\gg 0$）衰减，其中c_-和c_+为正常数。Gauss密度两边尾部都按e^{-cx^2}衰减，其中c与方差有关

形初始值下的多个位置和多个时间点的分布，以及各种连续性都有很好的了解。除极限的存在性外，不清楚的还包括 KPZ 不动点的有效刻画。猜想 KPZ 不动点是 KPZ 普适性类中所有模型的普适规范化极限，并且拐角增长模型具有和弹道沉积模型相同的关键特征，因此人们猜想弹道沉积模型经过规范化后收敛到同一个极限点，并进而具有相同的尺度比例和极限分布。前面讨论中出现的是 GOE Tracy-Widom 分布，其原因在于我们处理的是扁平初始值而不是楔形初始值。

检验普适性猜想的一个想法是在拐角模型中引入偏不对称性。现在，以速率 p 把局部最小变成局部最大，以速率 q 把局部最大变成局部最小（所有等待时间均为独立指数分布随机变量，$p+q=1$）。这种偏不对称拐角增长模型示意图可参见图 8。Tracy-Widom（2007—2009）证明，只要 $p>q$，用 $t/(p-q)$ 代替 t，对偏不对称模型，同样的大数律和波动极限定理成立。既然 $p-q$ 表示漂移增长，人们不得不加速以补偿变小了的漂移。

很明显，当 $p\leqslant q$ 时，会出现一些不同于 $p>q$ 时的情况。当 $p=q$ 时，大数律和波动律发生变化。时间:空间:波动的比例变为 4:2:1，并且在该比例下，极限过程满足具有可加白噪声的随机热方程。这便是 Edwards-Wilkinson（EW）普适性类，它通过具有可加白噪声的随机热方程来描述。当 $p<q$ 时，过程趋于平稳，有 k 个方盒子添加到空的楔形中的概率与 $(p/q)^k$ 成比例。

因此，我们得出任何正不对称性增长模型属于 KPZ 普适性类，零不对称性增长模型属于 EW 普适性类。人们自然会问，在临界比例尺度下（即 $p-q\to 0$），是否存在一种介于两种普适性类之间的交叉状态。确实是这样，交叉状态由 KPZ 方程来实现，我们下面加以讨论。

KPZ 方程

KPZ 方程可以写成

$$\frac{\partial h}{\partial t}(t,x)=\nu\frac{\partial^2 h}{\partial x^2}(t,x)+\frac{1}{2}\lambda\left(\frac{\partial h}{\partial x}(t,x)\right)^2+\sqrt{D}\xi(t,x),$$

其中 $\xi(t,x)$ 是 Gauss 空–时白噪声；$\lambda,\nu\in\mathbb{R};D>0;h(t,x)$ 是连续函数，$t\in\mathbb{R},x\in\mathbb{R}$，在 $\mathbb{R}$ 上取值。由于出现白噪声，$x\mapsto h(t,x)$ 仅仅具有和 Brown 运动一样的正则性。因此非线性项没有意义（Brown 运动的导数具有负 Hölder 正则性）。Bertini-Cancrini（1995）提出具有物理背景的解（称为 Hopf-Cole 解），并且证明怎样通过正则化噪声，求解方程（现在方程有意义），去噪声，扣除一个发散项来产生解。

该方程包含四项早前提到过的重要特征：局部增长，依赖于 Laplace 项（光滑项），梯度平方（非线性斜率相依增长），白噪声（空–时不相关噪声）。Kardar-Parisi-Zhang 于 1986 年提出以他们名字命名的方程以及 3∶2∶1 尺度比例猜想，试图揭示随机增长界面在规范化之后的性质。

怎么从 KPZ 方程中看出 3∶2∶1 这样的尺度比例呢？定义 $h_\varepsilon(t,x)=\varepsilon^b h(\varepsilon^{-z}t,\varepsilon^{-1}x)$；那么 h_ε 满足 KPZ 方程，具有规范化系数 $\varepsilon^{2-z}\nu,\varepsilon^{2-z-b}\frac{1}{2}\lambda$，$\varepsilon^{b-\frac{z}{2}+\frac{1}{2}}\sqrt{D}$。对于 KPZ 方程，双边 Brown 运动是平稳的；因此任何非平凡的规范化尺度必须和初始值的 Brown 尺度保持一致，从而 $b=1/2$。代入方程中，为保证系数不爆破到无穷，并且没有任何一项收缩到零（当 $\varepsilon\to 0$），唯一选择是 $z=3/2$。这意味着 3∶2∶1 的比例是可行的。尽管直观推理给出正确的尺度比例，但并不能提供任何规范化极限。当 $\varepsilon\to 0$ 时，方程的极限（非黏性 Burgers 方程，其中只有非线性项保留下来）肯定不能决定解的极限。怎样准确地描述 KPZ 极限不动点仍然是一个谜。上述直观推理没有就 KPZ 方程解的极限分布给出任何说明，并且到目前为止，也没有一种简单方法来预见该极限分布应该是什么。

2010 年，Amir-Corwin-Quastel 严格证明了 KPZ 方程属于 KPZ 普适性类，这经历了不到二十五年的时间。他们的工作也给出一个精确公式，用于计算 KPZ 方程解的概率分布，这是在非线性方程领域取得成功的第一个例子。在这一发展过程中有两个关键因素，Tracy-Widom 关于偏不对称拐角增长模型的工作以及 Bertini-Giacomin（1997）把拐角增长模型和 KPZ 方程联系起来的工作。有关这方面的细节，Sasamoto-Spohn（2010）同时精确但不严格的最速降工作，以及 Calabrese-Le Doussal-Rosso（2010）和 Dotsenko（2010）不严格副本方法工作，可以参阅 [4]。

KPZ 方程属于 KPZ 普适性类的证明是从许多不同方向，比如可解概率 [4]、实验物理 [10]、随机偏微分方程等围绕 KPZ 方程所开展的一系列工作中的一部分。例如，Bertini-Cancrini 的 Hopf-Cole 解依赖于将 KPZ 方程进行线性化的一个技巧（Hopf-Cole 变换）。Hairer 一直致力于发展方法解决经典病态随机偏微分方程，于 2011 年集中讨论 KPZ 方程，并发展了解的直接概念，它和 Hopf-Cole 解相一致但并不需要使用 Hopf-Cole 变换技巧。不过，这并没有就极限分布或长时间规范化性质给出任何说明。Hairer 的 KPZ 工作为他 2013 年在正则性结构方面的研究奠定了基础——某些病态随机偏微分方程构造性解的方法——他因该项工作而获得菲尔兹奖。

交互粒子系统

在偏不对称拐角增长模型和偏不对称单排他过程（partially asymmetric simple exclusion process，一般缩写为 ASEP）之间存在着一个直接对应关系（见图 8）。直线 $\mathbb{Z}$ 上每个位置上的粒子对应一条线段，恰好位于粒子上方，斜率为 -1；每个空位置对应一条线段，斜率为 $+1$。这样，每条高度函数对应于直线 $\mathbb{Z}$ 上粒子–空洞的一个分布，每个位置最多一个粒子。当高度函数的一个最小值变成最大值时，它相当于粒子向右边空位置跳一格；类似地，当一个最大值变成最小值时，它相当于粒子向左边空位置跳一格。拐角增长模型的楔形初始值相当于原点左边所有位置都被占有，右边所有位置都是空的；由于粒子密度函数可以表示成阶梯函数，它也时常被称作阶梯型初始值。ASEP 模型由 MacDonald-Gibbs-Pipkin 于 1968 年在生物文献中引入，用于描述 RNA 在基因转录过程中的运动状况。之后不久，Spitzer 于 1970 年独立地在概率文献中引入。

前面所引用的有关拐角增长模型的结果马上推出，长时间 t 之后，穿过原点的粒子个数遵循 KPZ 类波动规律。KPZ 普适性意味着该模型的属性变化不会改变 KPZ 类的波动。不幸的是，这样一种变化确实破坏了模型的可解结构。过去 5 年里，发现几种可解推广模型，虽经扰动但仍保持 KPZ 普适性。

TASEP（ASEP 的全不对称形式）是描述单车道上交通状况的一个基本模型，如果前方有空位，汽车（粒子）经速率为 1 的指数等待时间后向前开去。一个更加实用些的模型会考虑到下面这种情况，当汽车接近前面的车子时会慢下来。q-TASEP 模型正是用来处理这种情况的（见图 9）。粒子经速率为 $1-q^{\mathrm{gap}}$ 的指数等待时间后向右跳，其中 gap 表示该粒子距离右边下一个粒子的空格数。尽管当 $q\to 0$ 时，这些模型遵循与 ASEP 一样的变化规律，但这里 $q\in[0,1)$ 是不同于 ASEP 模型中的参数。

在更为实用的交通模型中，人们可能希望考虑的另一个要素是刹车引起的连锁反应。q-pushASEP 考虑了这一点（图 10）。粒子按照 q-TASEP 规则

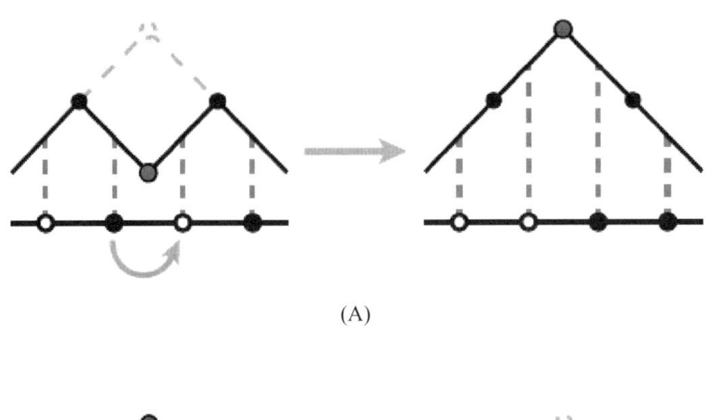

(A)

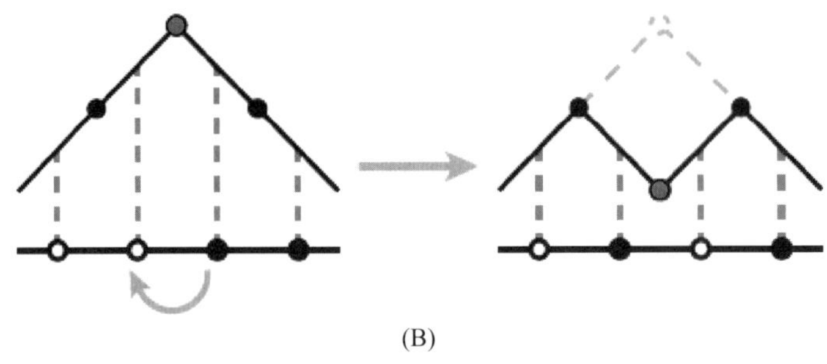

(B)

图 8　偏不对称拐角增长模型和偏不对称单排他模型之间一一对应。在（A）中，灰点是局部最小值点，它变成最大值点。就下方粒子而言，最小值对应于一个粒子，紧随一个空洞，所谓增长对应于所说的粒子向右跳到空洞处。在（B）中，恰好相反。灰点是局部最大值点，下降为最小值点。相应地，空洞后紧随着一个粒子，下降导致粒子移到左边空洞处

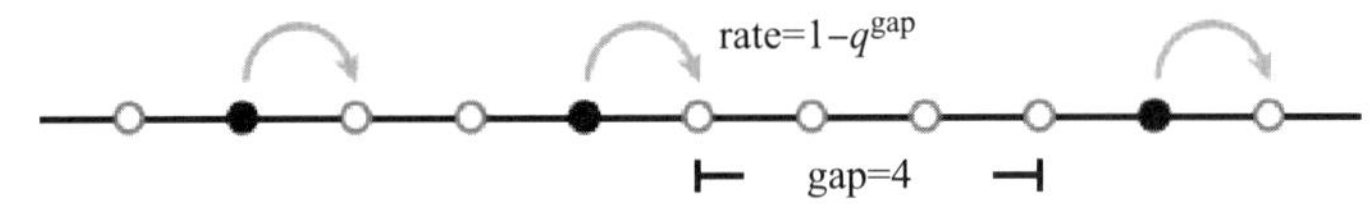

图 9　q–TASEP，其中每个粒子经速率为 $1-q^{\text{gap}}$ 的指数等待时间后向右跳一格

向右跳，但是现在粒子也可以在经历速率为 L 的指数等待时间后向左跳，其概率大小为 q^{gap}，其中 gap 表示粒子与其左边相邻粒子之间的空格数。如果确实出现跳，那么推动左边下一个粒子向左跳，依次类推。当然，刹车并不等同于向后跳；然而，如果一个车子进入向前移动的车流中，这种向左跳实际上就像在减速。原来，这两种模型都可以通过 Macdonald 过程和随机量子系统的方法求解，从而证明，正如 ASEP 模型一样，它们遵循 KPZ 普适性类波动规律（参考 [4]）。

随机环境中的路径

还有一类概率系统和拐角增长模型相关。考虑拐角增长模型的全不对称形式，从楔形初始值开始。刻画高度函数变化的一种方式是记录一个方盒被添加的时刻。使用图 11 的标记，给定整数 x, y，令 $L(x, y)$ 表示该盒子被添加进来的时刻。一个盒子 (x, y) 可以被添加进来，一旦它的上一级方盒

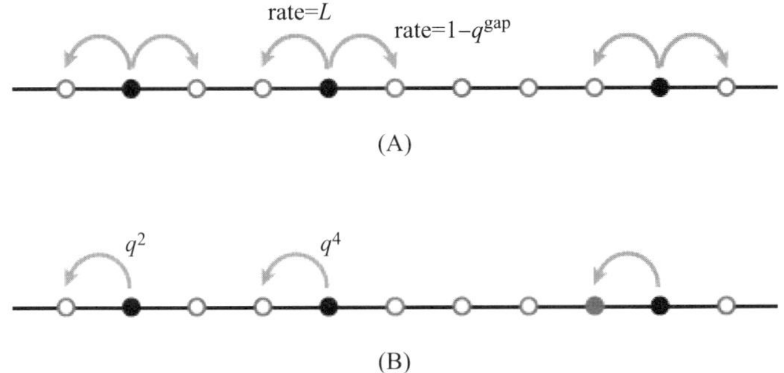

图10　q-push ASEP。如（A）所示，粒子按照q-TASEP速率向右跳，按照速率为L的独立指数等待时间向左跳。当出现向左跳时，可能导致一连串左跳。如（B）所示，最右边粒子仅仅向左跳一格，下一个（位于它的左边）粒子即刻以概率q^{gap}向左跳一格，其中gap等于两个粒子在左跳之前的之间空格数（这里gap=4）。如果确实出现那个左跳，按此规律继续到下一个左边粒子。否则，停止并在那一瞬间没有其他粒子向左跳

$(x-1,y)$ 和 $(x,y-1)$ 已经被添加，但即使这样仍必须等待独立指数时间，记作 $w_{x,y}$。这样，$L(x,y)$ 满足递推公式

$$L(x,y)=\max(L(x-1,y),L(x,y-1))+w_{x,y},$$

其中边界条件为 $L(x,0)\equiv 0, L(0,y)\equiv 0$。重复迭代得到

$$L(x,y)=\max_{\pi}\sum_{(i,j)\in\pi} w_{i,j},$$

其中 $\max_{\pi}$ 是对所有介于 $(1,1)$ 和 (x,y) 之间向上–向右和向上–向左格点路径取最大值。该模型被称作具有指数权重的最后到达渗流。

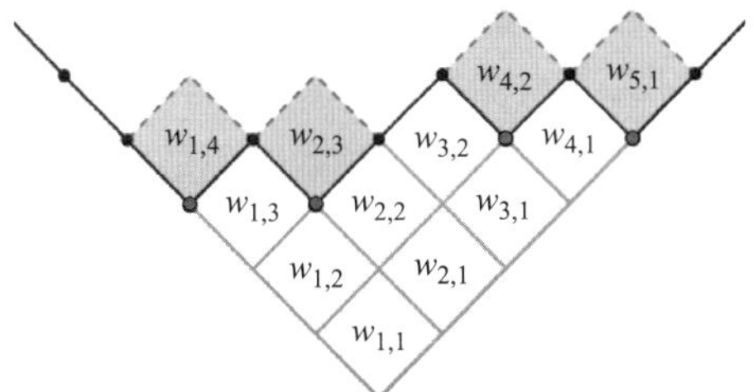

图11　拐角增长模型和具有指数权重的最后到达渗流之间的关系图。$w_{i,j}$ 表示一个盒子可能增长和确实出现增长之间的等待时间。$L(x,y)$ 表示 (x,y) 位置盒子出现增长时刻

从前面有关拐角增长模型的结果可以容易推出，对任何正实数 x,y，对任何大 $t, L(\lfloor xt\rfloor,\lfloor yt\rfloor)$ 遵循 KPZ 普适性类波动规律。一个非常引人关注并且完全未知的问题是，证明这种性质对非指数权重 $w_{i,j}$ 仍然成立。唯一其他可解模型是几何权重模型。几何权重的某种极限使得沿有向路径上 Poisson 点个数达到最大。点的总个数固定，这等价于寻找随机排列的最长增加子列的长度。最后到达渗流模型的这种形式的 KPZ 普适性类规律由 Baik-Deift-Johansson（1999）证明。

另一个相关可解模型是，在大栅栏的每一个交叉点上安放交通灯，寻找一种最优路径穿过栅栏。考虑 $\mathbb{Z}^2$ 上的第一象限，对每个顶点 (x,y)，赋予每一条从该顶点出发向上和向右的边等待时间。以概率 1/2，赋予每一条向右的边等待时间为零，赋予向上的边速率为 1 的指数等待时间；反过来，也是一样。边等待时间表示沿着给定方向穿过交叉顶点所需要的时间（扣除两个交通灯之间的行走时间）。从 $(1,1)$ 到 (x,y) 的最小到达时间为

$$P(x,y)=\min_{\pi}\sum_{e\in\pi}w_e,$$

其中 π 代表路径，每一步向上或向右，到 (x,y) 点为止，w_e 是边 $e\in\pi$ 的等待时间。从原点出发，总有一条路径，等待时间为零，它的空间分布就是一条简单随机游动的轨迹。沿着这条路径，无须等待，就可以非常接近对角 $x=y$。另一方面，对于 $x\neq y$ 和长时间 t，到达 $(\lfloor xt\rfloor,\lfloor yt\rfloor)$ 需要一定量的等待时间。Barraquand-Corwin（2015）证明，只要 $x\neq y, P(\lfloor xt\rfloor,\lfloor yt\rfloor)$ 遵循 KPZ 普适性类波动规律。当要求 π 恰好抵达 (x,y) 时，这应该成立，但该结果还未得到证明。实现这种最优路径，需要某种超能，因为你在选择路径时必须向前看。正因为如此，它可以看作一个参考标准，以此检验各种选择路径的算法。

除了最大或者最小化路径问题外，可以考虑这些模型的“正温度”推广形式，基于沿着路径的空–时随机权重和，以能量或概率的最适合方式来描述波动。这种模型的一个例子被称作随机环境中有向聚合模型，是最后到达渗流的推广，其中在 $L(x,y)$ 的定义中由 $(+,\times)$ 代替 $(\max,+)$ 进行运算。这样，相应得到的（随机）量被称作模型的划分函数，猜想对非常一般的权重 w_{ij} 分布，它的对数（自由能量）遵循 KPZ 普适性类波动律。已经找到一个可解的权重分布——Gamma 变量的倒数并证明上述猜想成立。它由 Seppäläinen（2009）引入，并由 Corwin-O'Connell-Seppäläinen-Zygouras（2011）和 Borodin-Corwin-Remenik（2012）所证明。

上述所讨论的交通灯模型也有一个正温度的变形，我们将描述一种特殊情形（见图 12）。对每一个空–时顶点 (y,s)，选择随机变量 $u_{y,s}$，服从 $[0,1]$ 上均匀分布。考虑从 $(0,0)$ 出发的随机游动 $X(t)$。如果随机游动 s 时刻处于位置 y，那么在 $s+1$ 时刻以概率 $u_{y,s}$ 跳到位置 $y-1$，以概率 $1-u_{y,s}$ 跳到位置 $y+1$。关于同样环境 u，考虑 N 个这样的随机游动。环境是固定的，因而它们沿着某种高概率的通道。这种模型被称作空–时随机环境中的随机游动，单个随机游动的性质是很好理解的。让我们考虑同一环境下 N 个随机游动的最大值 $M(t,N)=\max_{1\leqslant i\leqslant N}X^{(i)}(t)$。给定一个随机环境，可以想象 $M(t,N)$ 在一个跟环境有关的值附近局部最大化。然而，随着环境的变化，这个局部最大化的值也发生变化，以至于对 $r\in(0,1)$ 和长时间 $t, M(r,e^{rt})$

遵循 KPZ 普适性类的波动律。

图 12 空–时随机环境中的随机游动。对每一对从(y,s)出发的上–左和上–右边，黑边的宽度分别为$u_{y,s}$和$1-u_{y,s}$，其中$u_{y,s}$是[0,1]区间上独立均匀随机变量。一个行走者（灰色路径）在该环境下进行随机游动，从一个顶点出发向上–左跳或者上–右跳，概率等于红边的宽度

重大问题

从 Gauss 分布的发现到普适性（中心极限定理）的第一个证明差不多经历两百年。迄今为止，差不多 30 年过去了，KPZ 普适性没有被证明，并且似乎没有可以被证明的迹象。

除普适性外，还有许多其他重大问题没有取得任何进展。本文讨论的所有系统和结果都是 $(1+1)$ 维的，即一维时间、一维空间。就随机增长模型来说，研究 $(1+2)$ 维曲面增长完全有意义（并且相当重要）。在全迷向的情况下（其中增长机制关于两个空间维数而言大致是对称的），尽管数值模拟表明在拐角增长模型中规范化尺度 $t^{1/3}$ 的指数 $1/3$ 应当被大约 0.24 这样的指数所替代，但是实际上没有任何数学结论。在各向异性的情况下，已经发现几个可解的例子，暗示着会出现完全不同的（对数尺度）波动，正如 Borodin-Ferrari（2008）所注意到的那样。

最后一点，尽管在运用可解概率方法扩大和提炼 KPZ 普适性类方面取得了巨大成功，但似乎仍然有很大发展空间，很多新颖可解结构值得探索。在物理文献里，有许多令人兴奋的新方向，推动着 KPZ 类的研究，其中包括：失衡变换和多重守恒律的能量传输，阵面传播方程，具有有向路径的量子局部化，以及生物统计。刻画什么样的扰动会导致不在 KPZ 普适类中同样重要。

知道了这么多数学猜测之后，人们可能希望实验会揭示自然界中存在的

KPZ 类规律。由于确定规范化指数和极限波动需要大量重复试验，从而这变得非常具有挑战性。然而，在液态晶体增长、细菌群体增长、咖啡污迹以及火势传播（见 [10] 以及其中的参考文献）中，确实存在令人惊讶的实验证实这些规律。坦白地说，KPZ 普适性类的研究最好地说明了数学和物理的统一。

编者按：原文“Kardar-Parisi-Zhang Universality”发表在 *Notices of American Mathematical Society*, **63**, no. 3, 230–239, 2016。

书评

《数学与人类思维》书评

辻井正人

译者：姚笑飞

辻井正人是九州大学数理学研究院教授。主要从事动力系统理论、遍历论和混沌力学的研究及应用。辻井正人教授不仅活跃在学术一线，还参与面向日本高中生的“未来科学家养成讲座”活动，为社会做出积极教育贡献。（译者感谢日本京都大学的吴帆博士特别指出：辻井正人中的“辻”是日本文字，人名地名常用字。）

本书是数学物理学家大卫·吕埃尔（David Ruelle）面向普通（非数学专业）读者所写的一本通俗著作，可视为作者大约 15 年前出版的《机遇与混沌》（*Chance and Chaos*）[1] 的续作。吕埃尔是统计物理学基础理论、混沌力学研究领域的知名研究者，以《动力系统的 Bowen-Ruelle-Sinai 理论》、《Ruelle-Takens 的紊流体系》、《Ruelle ζ 函数》、《Doubrushin-Lanford-Ruelle 方程》等代表作闻名于世。自 1968 年以来一直担任法国高等科学研究所（IHES）教授，现为名誉教授。吕埃尔教授 1935 年 8 月生于比利时，虽已 77 岁高龄，但仍活跃在学术一线、研究不辍。

前面所提及的《机遇与混沌》是一本有趣的数学随笔，开篇是作者对同僚德利涅（Pierre Deligne）[2] 的一句戏言：“如今，超级计算机已有与数学家日渐对峙的趋势并有可能永久取代数学家的工作。”该书以“机遇”一词为线索，贯穿了作者研究的诸多专业领域——从统计力学、概率论、混沌力学到量子力学、博弈论、算法，均有涉及。书中既未对某一话题做过于深入的讨论，亦未将作者的想法强加于读者。如果非要指摘一二的话，我认为其行文语言略显简朴，内容上有欠丰富之感。然而，此书到处穿插着作者常年工作在研究一线的所得感悟，并能由此对所选诸多话题形成一个总体概貌，如果有非专业人士希望略窥现代数学物理之门径的话，此书绝对是一本值得推荐之作。

---

[1]译注：有中译本《机遇与混沌》，刘式达、梁爽、李滇林译，上海世纪出版集团，2005 年。

[2]编注：Pierre Deligne，比利时著名数学家，1978 年的菲尔兹奖得主，2008 年的沃尔夫奖得主，也是 2013 年的阿贝尔奖得主。

在其续作《数学与人类思维》中，作者将话题转向更为宽广深刻的数学研究。与前作的浮光掠影相比，本作最大的不同就是对读者提出了充分独立思考的要求。译者富永星在其译后记中妙语点评道："如果说《机遇与混沌》是在带着读者闲庭信步，那么《数学与人类思维》则可以形容是引着读者去翻山越岭。"在《数学与人类思维》一书里，作者毫不犹豫地开始使用数学表达式，有许多地方读者若不用纸笔推演思考，就难以体会其奥妙，而且作者也希望读者"一定不要跳过"这些需要自己思考的部分。

与前作相比，《数学与人类思维》各章节之间联系较为松散，作者在行文中自由地转换话题，似乎是想要读者自行总结把握，这一点与前作思路大不相同。平心而论，本书对一般读者（单纯想满足好奇心的读者除外）而言略有难度，要求读者至少要具备理科大学生水平。然而，对于浸淫数学多年的人而言，反而会觉得读起来比前作更加有趣吧。对数学专业的研究生和科研人员，当你想稍微跳出惯常的研究和教学领域，对"数学"和"数学研究"本身做些自我反思的时候，此书也会为你提供丰富多样的线索。

下面对本书内容稍作展开介绍。

前八章是导入部分，作者通过举例说明的方式阐述了数学的两个特征方面——即从公理出发用逻辑推理的方式依次演绎出各种命题的"形式的方面"和以探究更加深刻的数学结构为目标的"概念性·构造性的方面"。对有一定数学基础的人来说，这部分并非什么新鲜内容。但在例证的选择上，作者很用心思，例如利用几何学的"（克莱因意义下的）构造"很容易推导（不涉及变换群的知识）的初等几何问题"蝴蝶定理"，实质上属于射影几何。为了说明这一点，作者刻意选取了如果不知道这些就会变得很难解决的事实来加以说明。此外作者还讲述了蝴蝶定理被苏联政府用于在政治上排斥犹太人[3]、他所在的法国高等科学研究所的早期历史、他的同事格罗滕迪克的逸闻等故事以飨读者（虽然这些东西有点偏离了本书主旨）。在第八章末尾，作者提出了研究"做数学的人（抑或做数学的大脑）"的问题。这里应特指反映构筑"概念和结构层面"数学世界的人的头脑特征（癖好）。

从第九章开始（至最后二十三章）的后半部分，作者通过"电脑和人脑""数学语言与自然语言""名誉（补偿机制）""数学领域中的心理学""错误""数学物理和数学"等各种话题探究关于人脑与数学的种种关系。作者行文的一大特点是：常常将研究数学过程中头脑里充盈激荡的各种奇思妙想原汁原味地为读者和盘托出。后半部分各章节的讨论都意味深长，耐人寻思。不过只泛泛介绍内容略显无聊，因此我还是到此为止，请读者自己去体会书中乐趣吧。

[3]译注：指蝴蝶定理被用于针对犹太人的大学入学考试中，因为这个定理看似属于欧氏几何而实际上属于射影几何，一般人在考场上遇到这个问题是必挂的。

有些数学家在谈及“数学研究”的话题时往往关心过度而产生极端看法，本书作者的议论（前作亦是如此）一贯保持客观，对每个话题发表的意见都尽量做到不偏不倚。各章所谈话题并不是什么特别的内容，只要是和数学相关的，大都是已经经受过充分讨论验证的东西。不过，作者在具体选材方面是经过深思熟虑的，而且总能在话题变得繁难沉重之前将笔触自然转移到别的内容上，其幽默感在书中体现得淋漓尽致，读起来非常轻松愉快。可以想象，在此书的创作过程中，作者在午饭时或在休息室与同僚交谈的场景：对共事的数学家、物理学家提出的观点时而发出“确实如此！”的赞同之声，时而又以“如果世界果真如此简单那就好了！”的调侃讽刺论调发表见解。正是在这种智慧的碰撞与积累过程中，作者在书中很多地方提醒读者，“这不是很多数学家的共识吗”，在最后还不忘问一句，“那么读者您是如何考虑的呢”。总之，《数学与人类思维》是一本把作者对数学的议论和自己的思考完美融合，给予读者理性上快乐的读物。

总之，我的建议是：《数学与人类思维》是一本非常适合在出差的飞机和火车上打发漫长时间的读物，希望读者在阅读时最好记得带上一支笔和两三张草稿纸以供演算之用。

编者按：本文是日本数学家过井正人为法国数学物理学家 David Ruelle 的英文著作 *The Mathematician's Brain*（普林斯顿大学出版社，2007 年）的日译本《数学者のアタマの中》（富永星译，岩波书店，2009 年）所写的书评，原文发表于日本数学杂志《数学通信》2012 年第一期（17 卷第 1 号）。

读维拉尼《一个定理的诞生》

林开亮

塞德里克·维拉尼（Cédric Villani），法国数学家，现任法国庞加莱研究所所长，法兰西科学院院士，在数理物理学（朗道阻尼和玻尔兹曼方程）、最优输运理论和黎曼几何领域做出了重大贡献。2009 年获得费马奖，2010 年获得菲尔兹奖。

德国数学家戴恩（Max Dehn）在一次题目为“数学家的气质”[1] 的著名演说中讲道：“对于历史学家来说，最纯正的乐趣在于，玩味事物发展过程中的波折、关联、中断与过渡，试图体验每个创造者心中神圣的火花，并重视其创造活动的各个瞬间。”这话完全合乎情理，然而这对数学史家来说，又谈何容易！玩味出创造者灵光一闪豁然开朗的美妙瞬间，势必要求作者在数学上达到几乎同等的高度。可是如陈省身先生所说，在数学的领域里，第二距第一就已经望尘莫及了。

所以，除非是创造者自述，否则旁人难以传递出创造活动中交织着的曲折与微妙。也正是这个原因，诺贝尔物理学奖得主维格纳（E. P. Wigner）决定出自传（见中译本《乱世学人》序言）：“通常的传记实在太客观了，‘匈牙利物理学家，生于 1902 年 ······’，它不会说我喜欢某个问题，是因为我在其中看到了精微和美妙，而只是说我研究这个问题。”

今天，我们终于迎来了当代数学家激动人心的创造活动的权威自述，这就是 2010 年菲尔兹奖得主维拉尼的普及著作《一个定理的诞生》（马跃、杨苑艺译，人民邮电出版社，2016 年）[2]。维拉尼在前言中写道：“人们经常问我，一个从事数学研究的人的生活是怎样的，每天都干些什么，著述怎样写成。我创作本书的目的，就是试图回答这些问题。”

数学家在圈内立足，凭借的是其工作，具体说就是业已证明的定理和有

---

[1]中译文见《数学译林》，1987 年第 6 卷 66–74 页。

[2]原文是法文，*Théorème vivant*, Bernard Grasset, Paris 2012；后被译为英文 *Birth of a Theorem*（*A Mathematical Adventure*），The Bodley Head, London 2015。

待证明的猜测。作者围绕一个特定的定理展开，讲述了它是如何从一个猜想逐步演变为一个定理。就像女人从怀孕到生育，在这个过程中，曲折艰辛与幸福喜悦复杂交错。可以说，整部书就是作者的一部振奋人心的孕育史。

由于本书是面向大众的，所以作者的重点并不在描述作为最终结果的漂亮定理，而在于分享他与合作者穆奥（Clément Mouhot）得到这一结果的曲折过程。简单说来，维拉尼原本打算与穆奥对付的是他的“老冤家”玻尔兹曼（Boltzman）方程，然而在讨论过程中，穆奥产生了一个模糊的想法，认为这些工作与著名的朗道（Landau）阻尼问题有关。后来同事吉斯（E. Ghys）提醒维拉尼，注意该问题与著名的 KAM 理论[3]之间的相似 …… 如同唐三藏师徒西天取经，在克服重重困难之后，维拉尼与穆奥终于成功，写下近 200 页的论文“On Landau dampin”（论朗道阻尼）。

从 2008 年 3 月 23 日维拉尼与穆奥开始有了研究朗道阻尼的想法，到 2010 年 11 月 17 日论文被瑞典 *Acta Mathematica*（数学学报）接收，将近 32 个月，这可是女人普通孕期的三倍！作者选取了其中的 45 天的经历，与读者分享了他研究过程中的沮丧与激动。维拉尼的这本近乎日记的书，读起来却像金庸的武侠小说，其情节充满了偶然，主人公仿佛在修炼一门盖世神功，中间关隘重重，需想尽一切办法一一冲破。当作者说“此刻是我发挥这十八年来积累的数学功力的时候了”，俨然现出一位将奋力一战、冲破最后一道关隘而练成盖世神功的武林高手的豪情万丈！

不过，不同于金庸武侠，维拉尼的故事是真的（除了“仅仅修改了一些无关紧要的情节”），这样的故事教人如何不心潮澎湃、热血沸腾呢？在数学的现实世界，也是高手林立、群英荟萃，想一想都让人心向往之。特别令人惊喜的是，书中有好几位华裔数学家登场，如郭岩、李东、张圣容（译者误译为张圣蓉）、李政道（可惜的是，中译者没有识别出 T. D. Lee 就是李政道，见中译本第 217 页）。

维拉尼不仅给读者分享了他与合作者喜忧交加的研究历程，还在每一章的末尾独立补充了一些有趣的历史掌故，比如相关的数学家小传，并配以龚达尔（C. Gondard）创作的精美插图。除了“俱往矣”的英雄前辈如牛顿（Newton）、傅里叶（Fourier）、玻尔兹曼、庞加莱（Poincaré）、科尔莫戈罗夫（Kolmogorov）和朗道，更有“还看今朝”的当世高手如高德纳（D. E. Knuth）、纳什（J. Nash）、佩雷尔曼（G. Perelman）、科恩（P. Cohn）、利布（E. Lieb）和莱波维兹（J. Lebowitz）。我们来看他如何介绍高德纳：“高德纳是当今计算机科学界的泰斗。有位朋友曾说过：‘如果他走进学术研讨会的现场，在场的所有人都要跪倒在他面前。’”一句话就把高德纳的泰斗形象

[3]KAM 是三位数学家 Kolmogorov（科尔莫戈罗夫）、Arnold（阿诺德）、Moser（莫泽）的姓氏首字母缩写，他们三位开创发展了动力系统中著名的 KAM 理论。

立起来了。再来看（中译本第 119 页）维拉尼又是如何描述普林斯顿大学数学物理学家利布（全名 Elliott H. Lieb，为表亲近，维拉尼在下文中直呼其名艾略特）的：

> 年近八十高龄，艾略特依然精神矍铄。无可挑剔的外表反映出他追求完美的生活习惯，尖锐的提问让所有人心生敬畏。每当他谈及日本、不等式或精美厨艺时，就会满面放光。在日本，打造美食如同数学分析般精致。

顺便提一下，利布与洛斯（M. Loss）合著的研究生数学教材《分析学》（王斯雷译，高等教育出版社，2006），是一本不可多得的好书，适合高年级本科生和研究生阅读。

维拉尼本人也是分析方面的大师。你看他是怎么用老百姓都能理解的大白话来解释数学分析中的基本概念（中译本第 34 页）：

> 在数学术语中，范数是一个尺度，用来度量人们感兴趣的量。如果我们想比较两个地方的降雨量，应该比较一年中最大的日降雨量，还是比较全年的总降雨量呢？如果比较最大的日降雨量，这就是极大范数，它有一个悦耳的名字，叫 L^∞ 范数。如果比较全年的总降雨量，这对应另一个范数，叫 L^1 范数 ……

这比方何等形象贴切？如果科普作品的语言能够达到这个水平，在读者那里就算成功了。由此可见，维拉尼的确是在设身处地跟（也许是对数学一窍不通的）普通读者友好地交流。

其实，整部书都在传递一个信息：数学家的研究工作离不开交流。维拉尼与昔日弟子穆奥的合作研究，不论是面对面的讨论，还是频繁的邮件往来，都是在交流想法和意见；维拉尼访问普林斯顿高等研究院和其他学术单位，也是为了促进学术交流、推动科学的进展。

数学家需要交流，因为即便是一个简单的基本概念，如处于维拉尼研究之中心地位的熵概念，从不同角度去理解只能了解其不同侧面。但当一个问题出现时，往往不清楚哪个视角是最佳的。维拉尼在书中特别讲述了他的偶像纳什（J. Nash）的故事（中译本第 152–153 页）。纳什获得过诺贝尔经济学奖，但他在纯粹数学领域也曾取得非凡的成就，2015 年与尼伦伯格（L. Nirenberg）一起获得了阿贝尔奖。20 世纪 50 年代，纳什在攻克一个著名难题时，对于相关的背景一无所知，于是到处求教，他“跟这个人学习一个引理，从那个人手中得到一个命题”，直到“某天早上，人们不得不面对这样一个事实：纳什将同事的贡献串联起来，最终完成了定理的证明。如同一位管弦乐队的指挥，让每一位演奏者尽情挥洒各自的才艺”。

比起纳什来，维拉尼的与人交流也许更偶然，要知道他原本打算研究的是其拿手好戏玻尔兹曼方程，结果半路杀出了朗道阻尼，最后同事无意间一语惊醒梦中人，将他引向 KAM 理论，这才算走上正轨。

维拉尼在第 8 章特别提到了多元微积分的一个基本结果，复合函数的高阶求导公式。这里分享一下，法国巴黎高等师范学院的数学教学水平由此可见一斑（中译本第 47 页）[4)]：

> 16 年前，当我就读于法国巴黎高等师范学院时，我们的微分几何老师就讲过这个等式：它给出了复合函数的高阶导数的公式。但它实在太复杂了，当老师终于把式子写完时，全班同学哄堂大笑。老师只能在我们的笑声中用微弱的声音自我解嘲："不要笑，这很有用。"
>
> 事实证明，老师是对的，这个等式的确很有用。正是拜它所赐，我那个奇妙的不等式才得以成立。

年轻的数学家不仅需要学习和吸收新知识，更需要精神上的鼓励。维拉尼在书中提到了几位前辈对他的提携鼓励。特别要介绍的是于 2010 年去世的卡罗·切尔奇纳尼（Carlo Cercignani）。如维拉尼所说（中译本第 192 页），"他的名字与玻尔兹曼密不可分，他将自己全部的职业生涯都献给了玻尔兹曼"[5)]。为了表达对这位精神导师的怀念和敬意，维拉尼和穆奥在其合作论文《论朗道阻尼》标题下赫然写着"献给弗拉基米尔·阿诺德和卡罗·切尔奇纳尼"。

维拉尼认为他的经历更像一部电影，也许是因为纳什的故事被拍成了电影《美丽心灵》（*A Beautiful Mind*）。维拉尼因为其"对非线性朗道阻尼的证明以及对玻尔兹曼方程收敛至平衡态的研究"而获得了 2010 年的菲尔兹奖，这是全书的高潮（见第 43 章）。然而对于作者来说，最幸福的时刻是完成定理证明的那一刻；正如对于孕妇来说，最幸福的一刻是婴儿出生的那一刻。

本书读来既有音乐感也有画面感，在笔者读来，最愉悦的是下面这个场景（第 28 章）：

> 今晚，我准备再次跟数学打一场持久战 …… 每到这种时候，我会听很多歌。我要一遍一遍地循环播放凯瑟琳·里贝罗

[4)] 笔者虽然也是数学专业出身，但之前从未听说过这个所谓的费·迪布鲁诺公式（Faà di Bruno's formula），甚至连 Faà di Bruno 的名字都闻所未闻（因此读到这一段时特别惊讶）。对这个公式有兴趣的读者可以查阅 Wikipedia 条目 Faà di Bruno's formula。

[5)] 卡罗·切尔奇纳尼为玻尔兹曼写的传记有中译本（《玻尔兹曼》，上海世纪出版集团，2006 年），可以作为维拉尼《一个定理的诞生》的延伸读物。

> (Catherine Ribeiro) 的歌。…… 里贝罗，里贝罗，里贝罗，独自一人埋头做学问时，音乐是不可或缺的伴侣。

让人觉得作者像一个伴随着战歌冲锋的战士。

《一个定理的诞生》是一位在数学前沿冲锋陷阵的勇敢战士的作品，值得我们去阅读。

科学素养丛书

书号	书名	著译者
9787040295849	数学与人文	丘成桐 等 主编，姚恩瑜 副主编
9787040296235	传奇数学家华罗庚	丘成桐 等 主编，冯克勤 副主编
9787040314908	陈省身与几何学的发展	丘成桐 等 主编，王善平 副主编
9787040322866	女性与数学	丘成桐 等 主编，李文林 副主编
9787040322859	数学与教育	丘成桐 等 主编，张英伯 副主编
9787040345346	数学无处不在	丘成桐 等 主编，李方 副主编
9787040341492	魅力数学	丘成桐 等 主编，李文林 副主编
9787040343045	数学与求学	丘成桐 等 主编，张英伯 副主编
9787040351514	回望数学	丘成桐 等 主编，李方 副主编
9787040380354	数学前沿	丘成桐 等 主编，曲安京 副主编
9787040382303	好的数学	丘成桐 等 主编，曲安京 副主编
9787040294842	百年数学	丘成桐 等 主编，李文林 副主编
9787040391305	数学与对称	丘成桐 等 主编，王善平 副主编
9787040412215	数学与科学	丘成桐 等 主编，张顺燕 副主编
9787040412222	与数学大师面对面	丘成桐 等 主编，徐浩 副主编
9787040422429	数学与生活	丘成桐 等 主编，徐浩 副主编
9787040428124	数学的艺术	丘成桐 等 主编，李方 副主编
9787040428315	数学的应用	丘成桐 等 主编，姚恩瑜 副主编
9787040453652	丘成桐的数学人生	丘成桐 等 主编，徐浩 副主编
9787040449969	数学的教与学	丘成桐 等 主编，张英伯 副主编
9787040465051	数学百草园	丘成桐 等 主编，杨静 副主编
9787040487374	数学竞赛和数学研究	丘成桐 等 主编，熊斌 副主编
9787040495171	数学群星璀璨	丘成桐 等 主编，王善平 副主编
9787040497441	改革开放前后的中外数学交流	丘成桐 等 主编，李方 副主编
9787040504613	百年广义相对论	丘成桐 等 主编，刘润球 副主编
9787040507133	霍金与黑洞探索	丘成桐 等 主编，王善平 副主编
9787040514469	卡拉比与丘成桐	丘成桐 等 主编，王善平 副主编
9787040521542	数学游戏和数学谜题	丘成桐 等 主编，李建华 副主编
9787040523409	数学飞鸟	丘成桐 等 主编，王善平 副主编
9787040529081	数学随想	丘成桐 等 主编，王善平 副主编
9787040351675	Klein 数学讲座	F. 克莱因 著，陈光还 译，徐佩 校
9787040351828	Littlewood 数学随笔集	J. E. 李特尔伍德 著，李培廉 译
9787040339956	直观几何（上册）	D. 希尔伯特 等著，王联芳 译，江泽涵 校
9787040339949	直观几何（下册）	D. 希尔伯特 等著，王联芳、齐民友译

续表

书号	书名	著译者
9787040367591	惠更斯与巴罗，牛顿与胡克 —— 数学分析与突变理论的起步，从渐伸线到准晶体	B.И. 阿诺尔德 著，李培廉 译
9787040351750	生命 艺术 几何	M. 吉卡 著，盛立人 译
9787040378207	关于概率的哲学随笔	P. S. 拉普拉斯 著，龚光鲁、钱敏平 译
9787040393606	代数基本概念	I. R. 沙法列维奇 著，李福安 译
9787040416756	圆与球	W. 布拉施克著，苏步青 译
9787040432374	数学的世界 I	J. R. 纽曼 编，王善平 李璐 译
9787040446401	数学的世界 II	J. R. 纽曼 编，李文林 等译
9787040436990	数学的世界 III	J. R. 纽曼 编，王耀东 等译
9787040498011	数学的世界 IV	J. R. 纽曼 编，王作勤 陈光还 译
9787040493641	数学的世界 V	J. R. 纽曼 编，李培廉 译
9787040499698	数学的世界 VI	J. R. 纽曼 编，涂泓 译 冯承天 译校
9787040450705	对称的观念在 19 世纪的演变：Klein 和 Lie	I. M. 亚格洛姆 著，赵振江 译
9787040454949	泛函分析史	J. 迪厄多内 著，曲安京、李亚亚 等译
9787040467468	Milnor 眼中的数学和数学家	J. 米尔诺 著，赵学志、熊金城 译
9787040502367	数学简史（第四版）	D. J. 斯特洛伊克 著，胡滨 译
9787040477764	数学欣赏（论数与形）	H. 拉德马赫、O. 特普利茨 著，左平 译
9787040488074	数学杂谈	高木贞治 著，高明芝 译
9787040499292	Langlands 纲领和他的数学世界	R. 朗兰兹 著，季理真 选文 黎景辉 等译
9787040312089	数学及其历史	John Stillwell 著，袁向东、冯绪宁 译
9787040444094	数学天书中的证明（第五版）	Martin Aigner 等著，冯荣权 等译
9787040305302	解码者：数学探秘之旅	Jean F. Dars 等著，李锋 译
9787040292138	数论：从汉穆拉比到勒让德的历史导引	A. Weil 著，胥鸣伟 译
9787040288865	数学在 19 世纪的发展（第一卷）	F. Kelin 著，齐民友 译
9787040322842	数学在 19 世纪的发展（第二卷）	F. Kelin 著，李培廉 译
9787040173895	初等几何的著名问题	F. Kelin 著，沈一兵 译
9787040253825	著名几何问题及其解法：尺规作图的历史	B. Bold 著，郑元禄 译
9787040253832	趣味密码术与密写术	M. Gardner 著，王善平 译
9787040262308	莫斯科智力游戏：359 道数学趣味题	B. A. Kordemsky 著，叶其孝 译
9787040368932	数学之英文写作	汤涛、丁玖 著
9787040351484	智者的困惑 —— 混沌分形漫谈	丁玖 著
9787040479515	计数之乐	T. W. Körner 著，涂泓 译，冯承天 校译
9787040471748	来自德国的数学盛宴	Ehrhard Behrends 等著，邱予嘉 译
9787040483697	妙思统计（第四版）	Uri Bram 著，彭英之 译

网上购书： www.hepmall.com.cn, www.gdjycbs.tmall.com, academic.hep.com.cn, www.china-pub.com, www.amazon.cn, www.dangdang.com

其他订购办法：

各使用单位可向高等教育出版社电子商务部汇款订购。书款通过银行转账，支付成功后请将购买信息发邮件或传真，以便及时发货。购书免邮费，发票随书寄出（大批量订购图书，发票随后寄出）。

单位地址： 北京西城区德外大街 4 号
电　　话： 010-58581118
传　　真： 010-58581113
电子邮箱： gjdzfwb@pub.hep.cn

通过银行转账：

户　　名： 高等教育出版社有限公司
开 户 行： 交通银行北京马甸支行
银行账号： 110060437018010037603

图书在版编目（CIP）数据

数学飞鸟/丘成桐等主编. -- 北京: 高等教育出版社, 2020.1
（数学与人文; 第二十九辑）
ISBN 978-7-04-052340-9

Ⅰ. ①数… Ⅱ. ①丘… Ⅲ. ①数学-普及读物 Ⅳ. ①O1-49

中国版本图书馆 CIP 数据核字（2019）第 161071 号

策划编辑 李华英
责任编辑 李华英 和 静
封面设计 王凌波
版式设计 杨 树
责任校对 张 薇
责任印制 尤 静

出版发行 高等教育出版社
社　　址 北京市西城区德外大街 4 号
邮政编码 100120
购书热线 010-58581118
咨询电话 400-810-0598
网　　址 http://www.hep.edu.cn
http://www.hep.com.cn
网上订购 http://www.hepmall.com.cn
http://www.hepmall.com
http://www.hepmall.cn
印　　刷 涿州市星河印刷有限公司
开　　本 787mm × 1092mm 1/16
印　　张 12
字　　数 220 千字
版　　次 2020 年 1 月第 1 版
印　　次 2020 年 1 月第 1 次印刷
定　　价 29.00 元

物 料 号　52340-00